呼伦贝尔市
高影响灾害性天气分析技术手册

王慧清　王常顺◎编著

气象出版社
China Meteorological Press

内容简介

该手册前半部分介绍了呼伦贝尔市概况和呼伦贝尔市出现的主要气象灾害,系统描述了影响该城市的 13 个天气系统(包括短波槽、冷涡、低涡等 10 类天气尺度系统和副高、极涡、极地高压 3 类行星尺度系统)的发生、发展基本原理及典型配置;后半部分针对暴雨、暴雪、大风、寒潮、霜冻这 5 类对呼伦贝尔市影响较为显著的灾害性天气进行重点介绍,包括定义标准、历年产生的灾情及影响、气候特征、天气学分析、物理量诊断、分析流程以及具体的分析示例。内容丰富,且操作性、实用性强,可成为当地一线预报员特别是年轻预报员很好的学习教材,对其业务能力提升、对当地灾害性天气的预报预测均有一定意义和价值。

图书在版编目(CIP)数据

呼伦贝尔市高影响灾害性天气分析技术手册 / 王慧清,王常顺编著.--北京:气象出版社,2020.12

ISBN 978-7-5029-7374-2

Ⅰ.①呼… Ⅱ.①王… ②王… Ⅲ.①灾害性天气-天气分析-呼伦贝尔市-手册 Ⅳ.①P468.226.3-62

中国版本图书馆 CIP 数据核字(2021)第 002219 号

呼伦贝尔市高影响灾害性天气分析技术手册

Hulunbeier Shi Gaoyingxiang Zaihaixing Tianqi Fenxi Jishu Shouce

出版发行:气象出版社			
地　　址:北京市海淀区中关村南大街 46 号		**邮政编码**:100081	
电　　话:010-68407112(总编室)　010-68408042(发行部)			
网　　址:http://www.qxcbs.com		**E - mail**:qxcbs@cma.gov.cn	
责任编辑:王鸿雁		**终　　审**:吴晓鹏	
责任校对:张硕杰		**责任技编**:赵相宁	
封面设计:地大彩印设计中心			
印　　刷:北京建宏印刷有限公司			
开　　本:787 mm×1092 mm　1/16		**印　　张**:12	
字　　数:247 千字			
版　　次:2020 年 12 月第 1 版		**印　　次**:2020 年 12 月第 1 次印刷	
定　　价:48.00 元			

前　言

　　呼伦贝尔市地处祖国东北边疆,大部分地区属中温带大陆性季风气候,部分地区属寒温带大陆性季风气候。冬季寒冷漫长,春季气温骤升,夏季温凉短促,秋季气温骤降。大兴安岭横亘境内,其山脊和两麓气候差异明显,使得当地天气预报的难度较大。一次预报的完成,参考数值预报是一方面,还需考虑当地气候特点、地域条件,同时也要考虑历史同期气象资料。所以,预报员的经验和理论知识的结合是提高预报准确率的根本保证。然而,随着新技术和新资料的发展应用,新一代的预报员急需一套具有科学性、实用性、通俗性的工具书来指导实际工作,进一步提高预报准确率。

　　本手册对历史资料进行了统计分析,同时综合近些年气象预报新技术、新方法、新资料,总结出呼伦贝尔市行之有效的预报经验及预报指导。全书共8章,第1章为气候概况,主要介绍呼伦贝尔市的地理环境、天气气候特点以及不同季节的气候特征。第2章为主要气象灾害,对呼伦贝尔市境内出现的干旱、洪涝、风灾等9类气象灾害进行介绍,内容包括上述9类灾害的定义标准、发生规律及致灾特征。第3章为天气系统概述,主要介绍短波槽、冷涡、低涡等10类天气尺度系统和副高、极涡、极地高压3类行星尺度系统发生、发展的基本原理及典型配置。第4～8章针对暴雨、暴雪、大风、寒潮、霜冻5类对呼伦贝尔市影响较为显著的灾害性天气进行重点介绍,主要内容包括定义标准、历年产生的灾情及影响、气候特征、天气学分析、物理量诊断、分析流程以及具体的分析示例。

　　希望本书的出版能够加深预报员对本地区天气气候的认识与理解,有效地帮助预报员建立预报思路,提高预报员的综合预报能力,真正起到对预报业务的指导作用,促进预报准确率的提升。

　　由于天气预报业务技术领域广泛,加之编者水平有限,编写时间仓促,错漏之处在所难免,恳请读者批评指正。

编者

2020年10月

目　　录

第1章 呼伦贝尔市气候概况

1.1 地理环境

1.1.1 地理位置

呼伦贝尔市地处祖国东北边疆,是内蒙古自治区的一个地级市,位于北纬 47°05′~53°20′,东经 115°31′~126°04′,南北长 630 km,东西宽 700 km,总面积达 25.3 万 km²。其西北与俄罗斯交界,西南与蒙古接壤,国境线总长 1733.32 km,东、南则分别与我国黑龙江省大兴安岭地区、黑河市和齐齐哈尔市以及内蒙古自治区兴安盟毗邻。

1.1.2 地形地貌

呼伦贝尔市属于高原型地貌,是亚洲中部蒙古高原的组成部分。地处内蒙古高原第二梯级至第三梯级的丘陵平原地带,跨越两个地势梯级。大兴安岭及其支脉构成本区的地形骨架,嫩江、额尔古纳河水系侵蚀切割着高平原主体。地质构造受北东向新华夏系构造带和东西向的复杂构造带控制,形成了大兴安岭山地、呼伦贝尔高原、河谷平原低地三个较大的地形单元。地形总体特点为:西高东低。地势分布呈由西到东地势缓慢过渡。海拔为 200~1700 m。

呼伦贝尔草原位于大兴安岭以西,是牧业四旗新巴尔虎右旗、新巴尔虎左旗、陈巴尔虎旗、鄂温克旗和海拉尔区、满洲里市及额尔古纳市南部、牙克石市西部草原的总称。由东向西呈规律性分布,地跨森林草原、草甸草原和干旱草原三个地带。除东部地区约占本区面积的 10.5% 为森林草原过渡地带外,其余多为天然草场。

大兴安岭在蒙古高原与松辽平原之间,自东北向西南,逶迤纵贯千余里,构成了呼伦贝尔市林业资源的主体。呼伦贝尔市有林地面积 12.67 万 km²(含松加地区),占全市土地总面积的 50%,占自治区林地总面积的 83.7%。全市森林覆盖率 49%。

1.1.3 土壤分布

呼伦贝尔市土壤类型种类繁多,有 15 个土类、43 个亚类。是地带性土壤,呈条带状南北向延伸、沿东西向分布,土壤水平分布自东向西依次为黑土—钙土—栗钙土。

大兴安岭山地东西两侧呈不对称的土壤垂直分布规律。以贯穿呼伦贝尔市中部东南至西北向的土壤垂直分布为例:东坡基带土壤为分布在大兴安岭东麓丘陵平原的黑土,海拔400～800 m为山地暗棕壤,800 m以上为山地棕色针叶林土;西坡基带土壤为分布在呼伦贝尔高平原东部的黑钙土,海拔800～1000 m为山地灰色森林土,1000 m以上为山地棕色针叶林土。呼伦贝尔市南北热量差异较大,垂直带土壤分布高度不同。大兴安岭东坡北部(鄂伦春旗)暗棕壤土分布下限至350 m,南部(扎兰屯市)上升至500 m左右;西坡最北端额尔古纳河谷阶地海拔不足600 m即有棕色针叶林土分布。具有水平地带土壤特征;南部(鄂温克旗)则退缩到海拔1200 m以上中山顶部,具有明显的垂直带土壤特征。

在水平和垂直分布规律的共同作用下,呼伦贝尔地带性土壤自东向西形成依次为黑土—山地暗棕壤—山地棕色针叶林土—山地灰色森林土—黑钙土—栗钙土等土壤带。

1.1.4 水系分布

呼伦贝尔市地表水资源丰富,大小河流3000多条,由嫩江水系和额尔古纳河水系组成。总流域面积25.4万 km²。湖水面积大于0.1 km²的湖泊有349个,在境内自西向东构成一个湖群带,绝大多数分布在呼伦贝尔高原上。最大的湖泊为呼伦湖和贝尔湖。

嫩江水系是松花江的北源,发源于大兴安岭支脉伊勒呼里山的南坡,河流由北蜿蜒向南,流经嫩江镇、尼尔基镇、齐齐哈尔市,在三岔河附近与第二松花江汇合,河流全长1369 km,流域面积24.4万 km²。河宽150～400 m,水深3 m左右。嫩江水系是一不对称的河流,呼伦贝尔市的河流均系嫩江右岸诸支流,右岸自北而南主要支流有:二根河、罕诺河、那都里河、多布库尔河、欧肯河、甘河、郭恩河、霍日里河、诺敏河、格尼河、阿伦河、音河、雅鲁河、绰尔河等河流。河流流向均自西北向东南注入嫩江。

额尔古纳水系是黑龙江的右上源,在阿巴该图山附近,即海拉河与达兰鄂罗木河的交汇处。从此处起始称额尔古纳河,自西南向东北流去,干流河长970 km,左岸为俄罗斯,右岸为中国境内,是中俄两国天然分界线。流域面积15.3万 km²。额尔古纳河上、下游地形差异显著。上游阿巴该图至黑山头段,为草原丘陵区,地势平坦开阔,河谷宽5～10 km,河网不发育,几乎无支流汇入,多湖泊沼泽,水流分散。额尔古纳河水系除海拉尔及其以南的诸河流湖泊外,主要支流自南而北有根河、得尔布尔河、哈乌尔河、莫尔道嘎河、激流河、阿巴河、乌玛河等。

呼伦湖,也称呼伦池、达赉湖,是内蒙古自治区第一大湖,位于呼伦贝尔草原西部、新巴尔虎左旗、新巴尔虎右旗和满洲里市之间。它呈不规则斜长方形,长轴为西南至东北方向,湖长93 km,最大湖宽41 km,湖水面积为2315 km²,平均湖水深5.7 m,最大水深达8 m,蓄水量132亿立方米。湖泊区域面积7680 km²,号称"八百里大泽"。

贝尔湖,也称贝尔池,位于呼伦贝尔高原的西南部边缘,是中蒙两国共有的湖泊,呈椭圆形状,湖长 40 km,湖宽 20 km,湖水面积 609 km²,其中大部分在蒙古人民共和国境内,仅西北部的 41 km² 为中国所有。贝尔湖主要是集纳自东南流来的哈拉哈河水而成,乌尔逊河从北面把它与呼伦湖连通起来,故二者有"姊妹湖"之称。贝尔湖是个吞吐性的活水湖,湖水为淡水,一般水深 9 m 左右,湖心最深处约 50 m。

1.2　气候概述

呼伦贝尔市大部分地区属中温带大陆性季风气候,部分地区属寒温带大陆性季风气候。大兴安岭山脊和两麓气候差异明显。其特点是:冬季寒冷漫长,降雪多。春季气温骤升,降水少,气候干燥,多大风。夏季温凉短促,雨水集中,局地的冰雹、洪涝灾害频繁。秋季气温骤降,霜冻来的早。年平均气温 −4.2~3.5 ℃,地理分布岭西为自西南向东北,岭东为自东南向西北逐渐降低。最冷月 1 月平均气温 −29~−18 ℃,最热月 7 月平均气温 18~22 ℃。全市无霜期(日最低气温 ≥2 ℃ 的时期)较短,岭西为 75~120 天,岭东为 100~125 天,大兴安岭山地为 35~85 天。全市年平均降水量 240~600 mm。降水总趋势是自东向西递减,大兴安岭山地年平均降水量 380~580 mm,岭西为 240~390 mm,岭东为 420~600 mm。扎兰屯市为降水中心,最大年降水量为 1111.8 mm。新巴尔虎右旗降水量最少,年平均降水量 220 mm。一年中降水集中在夏季,秋雨多于春雨。蒸发量的分布是岭西自东北向西南,岭东自西北向东南递增。大兴安岭山地年蒸发量是降水量的 2 倍,岭西年蒸发量是降水量的 4~8 倍,其他地区年蒸发量是降水量的 3 倍左右。全市日照充足,大兴安岭山地年日照时数为 2100~2700 h,岭西为 2750~3150 h,岭东为 2600~2800 h。大兴安岭两侧大风日数较多,一般全年为 25~45 天。岭西高平原等地的大风日数均在 45 天以上。干旱、冰雹、大风、霜冻、局地洪涝、暴雨等自然灾害是制约国民经济发展的主要气象灾害。

后文中"农区"指呼伦贝尔市辖下、位于大兴安岭山脉以东的 3 个旗(市),具体为扎兰屯市、阿荣旗、莫力达瓦达斡尔族自治旗,该地区气候相对较为温暖且雨量较为充沛,地势平坦,土壤肥沃,适宜发展农业,故称农区;"林区"指呼伦贝尔市辖下、位于大兴安岭山脉沿山的 4 个旗(市),具体为鄂伦春自治旗、根河市、额尔古纳市、牙克石市,该地区气候相对较冷但雨量较为充沛,森林覆盖率较高,故称"林区";"牧区"指呼伦贝尔市辖下、位于大兴安岭以西的 6 个旗(市、区),具体为海拉尔区、陈巴尔虎旗、鄂温克族自治旗、满洲里市、新巴尔虎右旗、新巴尔虎左旗,该地区气候相对较暖但雨量较少,以天然草原为主,畜牧业生产为主要产业,故称"牧区"。

1.3 四季气候特征

1.3.1 春季气候特征

春季(3—5月)气温回升快,冷空气活动频繁,冷暖变化无常,气温日较差大,光照充足,空气湿度小,平均风速大,降水量少,大风和沙尘日数多,强冷空气活动常带来大风降温甚至寒潮天气。

各地季平均气温一般在−1.6～5.3 ℃,北部林区等地在−1.6～1.7 ℃;南部地区在3.2～5.3 ℃。各地季平均降水量一般在23～62 mm,占全年降水量的9.2％～11.3％,表现为东部多西部少的特点,西部偏西地区一般不足30 mm,东部及偏南地区在50 mm以上,其余地区在30～50 mm之间。春季多大风,平均日数各地一般在1～17 天,占全年大风日数的53％～62.5％,大兴安岭林区北部等地在1～4 天,西部蒙古高原大部在7～17 天,其余地区在4～7 天。

1.3.2 夏季气候特征

夏季(6—8月),林区北部,夏季短促,气候凉爽;岭东地区夏季气候温和,炎热天气持续时间较长,降水集中,阵性降水多,降水量占全年降水量的63％～69％;短历时强降水、冰雹、雷雨大风等强对流天气也主要集中在夏季。

各地季平均气温一般在15～21 ℃,大兴安岭地区在15～18 ℃,其余地区均在18～21 ℃。各地季平均降水量一般在177～402 mm,占全年降水量的6～7 成,西部偏西地区一般不足210 mm,东部及偏南地区在330 mm以上,其余地区在210～330 mm。各地平均降水日数(日降水量≥0.1 mm)一般在32～48 天,牧区各站平均降水日数不足40 天,其余地区均在40 天以上。各地暴雨平均降水日数(日降水量≥50 mm)一般在0.1～0.7 天,牧区各站暴雨平均降水日数在0.1～0.2 天,其余地区在0.2～0.7 天。

1.3.3 秋季气候特征

秋季(9—11月),气温下降迅速,冷空气活动逐渐增强,伴随冷空气南下形成"一场秋风一场寒""一场秋雨一场寒",霜冻来临早,晴朗天气增多,秋高气爽。各地季平均气温一般在−3.9～3.4 ℃,北部地区在−3.9～−0.8 ℃,南部在1.2～3.4 ℃。各地季平均降水量一般在37～81 mm,呈东多西少的分布形势,牧区在37～56 mm,其余地区在56～81 mm。

1.3.4 冬季气候特征

冬季(12月—次年2月)漫长,气候寒冷,风雪寒潮降温多,空气干燥。各地季平均气温一般在−14.6～−26.0 ℃,北部地区在−20.2～−26.0 ℃,南部在−14.0～−20.6 ℃。各地季平均降水量一般在4～17 mm,占年总平均降水量的2％～7％,一般为南部少,北部多,南部地区在5～9 mm,中北部为13～17 mm。

第2章 主要气象灾害

2.1 干旱

2.1.1 定义标准

干旱是在某一地区一段时间内近地面生态系统和社会经济水分缺乏时的一种自然现象，也就是一种以长期雨量很小或无雨为特征的气候现象，其程度取决于水分短缺的历时和数量。

干旱一词在气象学上有两种含义：一是干旱气候，二是干旱灾害。干旱气候是指最大潜在蒸散量与年降水量的比值大于或等于 3.5 的地区，而干旱灾害是指某一地区在某段时间内的降水量比常年平均降水量显著偏少，导致该地区的经济活动（尤其是农业生产）和人类生活受到较大危害的事件。比如内蒙古阿拉善盟的年降水量不足 100 mm，但由于其特殊的耕作方式，在降水量没有显著偏少的年份，其未必会受到干旱灾害，而南京市的年降水量平均在 1000 mm 左右，当降水量显著偏少，就会影响其原有的农业生产从而导致干旱灾害。干旱气候区相对固定而干旱灾害的发生却是普遍存在的。除对某地气候特征研究外多数研究均针对干旱灾害。

最初的干旱定义就是以降雨为标志，如美国天气局曾于 1954 年定义干旱为：严重和长时间的缺雨。类似地，世界气象组织（WMO）在 1986 年定义：干旱是一种持续的、异常的降雨短缺。长期少雨或无雨，使土壤水分不足、作物水分平衡遭到破坏而减产的农业气象灾害。干旱的核心是水的短缺，但不同学科与行业对干旱的分类也不尽相同，美国气象学会在总结各种干旱定义的基础上将干旱分为：气象干旱、农业干旱、水文干旱和社会经济干旱。

气象干旱是指某时段内，由于蒸发量和降水量的收支不平衡，水分支出大于水分收入而造成的水分短缺现象。通常只考虑降水和蒸散。

农业干旱是农作物在生长期内长期无雨或少雨的情况下，由于蒸发强烈造成的土壤缺水，生长发育受抑，正常生理活动受影响，造成损害。

水文干旱通常指降水量长期偏少导致河川径流低于其正常值或含水层水位降低的现象。

社会经济干旱指由自然降水系统、地表和地下水量分配系统及人类社会需水排水系统不平衡，造成的异常水资源短缺，从而影响社会经济发展的现象。

根据陈曦对中国干旱区划分的标准来看,我国主要分为:黄淮海干旱区、华南沿海干旱区、西南干旱区、东北干旱区、西北干旱区。呼伦贝尔市位于东北干旱区,干旱次数相对较多,持续时间相对较长,干旱主要发生在春、夏季节,以春旱为主,夏旱危害严重。

根据干旱发生季节来区分,可以分为春旱、夏旱、秋旱、冬旱和季节连旱。而评价干旱发生情况的重要指标又可分为干旱频率、干旱强度、干旱持续时间。

2.1.2　发生规律及主要特征

旱灾是呼伦贝尔市常见且危害最大的气象灾害之一,具有影响范围广、发生概率大、持续时间长、季节性明显的特点。由于本地特殊的地理位置和气候类型等影响,降水量小,变率大,时空分配不均,大风日数多,春旱和春夏连旱普遍发生。干旱不仅会使农作物失收,造成人畜饮水困难,而且可能引发某些病虫害,同时还会造成地下水位下降、土地沙化、森林草原火灾发生。干旱和水资源不足制约着呼伦贝尔市农业等各方面的发展。

呼伦贝尔市干旱的季节性特点。春季(3—5 月)降水稀少,降水变率大,气温回升迅速,蒸发旺盛,日照丰富和大风日数多,容易发生春旱。夏季(6—8 月)是呼伦贝尔市降水最集中的季节,也是农作物生长旺盛、需水量大的时期,太阳辐射强烈、温度高,这时的阶段性干旱易发生,对农作物的危害特别大。春夏连旱是发生在作物生长发育季节,因此对农牧业生产影响最大,严重时会造成农作物大范围的减产,有些地方甚至绝收,全市春夏连旱发生的频率为四年一遇。秋季(9—10 月)大秋作物已处于成熟阶段,需水不多,所以秋旱的影响较小,但发生秋旱的频率最高。

呼伦贝尔市干旱一年四季都有发生,春旱和秋旱情况较为突出。从全市旗市区代表站40 年的资料统计分析表明,各类干旱中,秋旱发生频率最高,占到 24％,但危害最轻;其次是春旱,占 23％,危害最重;夏季发生干旱的频率为 16％,春夏连旱和夏秋连旱各占 13％,春夏秋连旱占 11％,发生干旱的频率较低(图 2.1)。

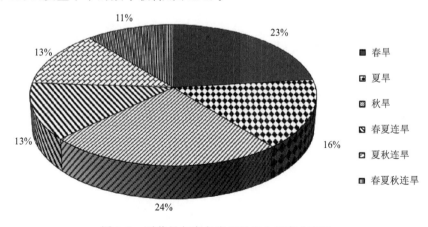

图 2.1　呼伦贝尔市各类干旱发生频率分布图

从呼伦贝尔市 1971—2010 年春、夏季降水距平百分率历年变化曲线可以看出,春季农区和牧区各有 9 年、林区有 5 年降水距平百分率小于等于−50%,特别是 1987 年、2003 年和 2009 年出现全市性严重旱情(图 2.2)。夏季农区有 8 年、牧区有 10 年、林区有 6 年降水明显偏少(小于等于−25%),其中 2004 年出现全市性严重夏旱,2000 年、2007 年农区和林区明显夏旱,1995 年牧区和林区明显夏旱,2001 年农区和牧区明显夏旱(图 2.3)。从两曲线变化图也可以看出,春旱在 20 世纪 80 年代后至 90 年代初和 21 世纪初频发,夏旱在 21 世纪前 10 年明显加重。

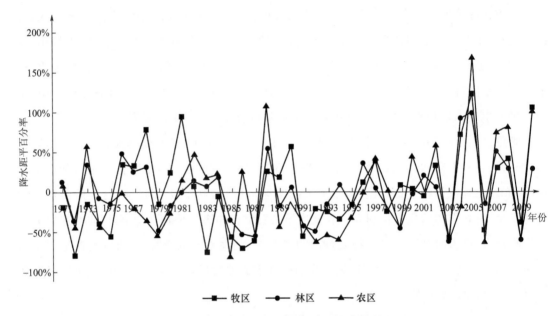

图 2.2　呼伦贝尔市 1971—2010 年春季降水距平百分率历年变化图

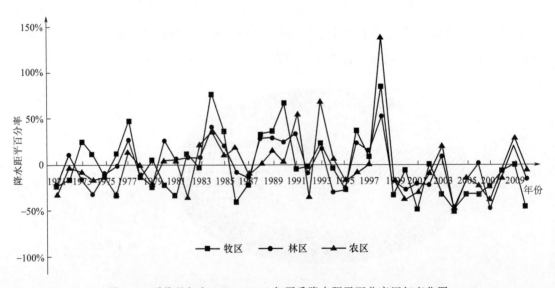

图 2.3　呼伦贝尔市 1971—2010 年夏季降水距平百分率历年变化图

从近40年分析结果看,呼伦贝尔市干旱灾害除有明显的普遍性,就是说每年都有一些地区遭受不同程度的干旱外,具有区域性、季节性、持续性、阶段性等特点。

区域性:呼伦贝尔市的干旱频率较高,但其分布具有区域性特点。干旱频次是牧区最多,农区次之,林区最少。

季节性:呼伦贝尔市的干旱灾害季节性变化明显。秋旱最多,春旱次之、春夏连旱较为明显。岭东春旱最多,岭西秋旱最多,大兴安岭山地秋旱明显。

持续性:呼伦贝尔市干旱的持续性表现为连季或连年出现。在最近40年中,两季或两季以上连续干旱有9年,频率为22.5%,2000年出现全市最严重的春夏连旱。如全市范围连续两年以上的干旱年有:1979—1980年、2000—2001年、2006—2007年。

阶段性:20世纪70年代旱灾多、危害严重,而80年代旱灾危害更为突出,如1986年和1987年的连续大旱是历史上罕见的,1987年的大旱不但农牧业遭受了巨大的损失,仅因干旱引起的火灾就呼盟毁林19 477 548亩*。21世纪以来,干旱危害又严重了。

2.2 洪涝

2.2.1 定义标准

暴雨是指降雨强度和量均相当大的雨。在我国除了个别地区外,当12 h降水量为30.0～69.9 mm或24 h降水量为50.0～99.9 mm时判定为暴雨;当12 h降水量为70.0～139.9 mm或24 h降水量为100.0～249.9 mm时判定为大暴雨;当12 h降水量达到或超过140.0 mm或24 h降水量达到或超过250.0 mm时,判定为特大暴雨。

洪灾一般是指河流上游的降雨量或降雨强度过大、急骤融冰化雪或水库垮坝等导致的河流突然水位上涨和径流量增大,超过河道正常行水能力,在短时间内排泄不畅,或暴雨引起山洪暴发、河流暴涨漫溢或堤防溃决,形成洪水泛滥造成的灾害。

涝灾一般是指本地降雨过多,或受沥水、上游洪水的侵袭,河道排水能力降低、排水动力不足或受大江大河洪水、海潮顶托,不能及时向外排泄,造成地表积水而形成的灾害,多表现为地面受淹,农作物歉收。

对呼伦贝尔市降水资料的分析表明,当大部地区旬降水量在100～150mm时,便极易形成涝灾,而无论这些降水是一次大暴雨过程所为,还是由数场大雨过程累积形成。

还有一种涝灾,它的形成与冻土有关。当地表层有冻土存在时,雨水便不能下渗,这时只要有中到大雨以上的降雨过程出现,便会发生农田积水,形成涝灾。这种涝灾多出现在初

---

* 1亩≈666.67 m²。

春,对冬小麦等早播作物和刚返青的牧草危害较大。

2.2.2 发生规律及主要特征

暴雨是呼伦贝尔市夏季主要气象灾害,呼伦贝尔市是内蒙古暴雨的多发地区之一。每年夏季西太平洋副热带高压北抬西伸,鄂霍茨克海阻塞高压建立并维持,若有西来低值系统,便在呼伦贝尔市产生强降雨天气。呼伦贝尔市地处祖国东北部边疆,大兴安岭纵贯其中,暴雨主要集中在嫩江流域和额尔古纳河流域,暴雨出现若形成洪涝,将对农田和城镇造成巨大的破坏。

洪水是河流的一种天然属性,以其出现突然,水势汹涌、奔流、漫无边际为特征。它在时间和空间上的发生都是随机的,洪涝灾害的发生具有明显的季节性和地区性。呼伦贝尔市的灾害性洪水主要由暴雨形成即暴雨洪水型,但也可以是河湖垮坝造成。在呼伦贝尔市最常见的是山洪和暴洪。在呼伦贝尔市洪水多发生在夏季,一般是6—8月。

坡地蓄水能力低,山坡上落下的大部分雨水都会变成为径流水。当山区出现暴雨时,从山坡上汇流起来的大量雨水,从山涧奔腾而出,形成山洪,常卷走人畜,造成严重灾害。而小范围的特大暴雨又常形成暴洪,暴洪是指来势迅猛、在短时间内猛烈上涨的洪水,暴洪通常都是由雨急量大的特大暴雨引起的,也可以由山区中各支流洪峰同时汇集造成,或上游冰河开融、下游流冰壅塞使江河泛滥所致,此外,水库大坝突然断裂也能形成暴洪。暴洪事件因其猝不及防,而且水势急、流量大,难以抗御,因而成灾率极高。

洪和涝都是水多成灾,且两者又常常紧密相连,洪水在一个地区长期积存便会形成涝灾,因此又常将它们通称为洪涝灾害,然而两者一动一静,持续时间一短一长,差异还是很明显的。

一般来说,洪水来势迅猛,河流来水超常,而雨涝来势较缓,强度较弱。洪水可以破坏各种基础设施,淹死人畜,对农业和工业生产会造成毁灭性破坏,破坏性强;而涝灾一般只影响农作物,造成农作物的减产。防洪对策措施主要依靠防洪工程措施(包括水库、堤防和蓄滞洪区等),汛期还有一整套临时防汛抢险的办法,而治涝对策措施主要通过开挖沟渠并动用动力设备排除地面积水。

洪涝灾害对农作物的危害形式以冲毁和淹没为主,通常只在受灾当年,甚至当季造成损失,如土壤排水条件良好,洪水消退后一般不再危害农作物。涝灾积水不仅影响到当年农作物的产量,而且常影响到土壤状态。

洪涝灾害可分为直接灾害和次生灾害。在灾害链中,最早发生的灾害称原生灾害,即直接灾害,洪涝直接灾害主要是由于洪水直接冲击破坏,淹没所造成的危害。如人畜伤亡、土地淹没、房屋冲毁、堤防溃决、水库垮塌;交通、电讯、供水、供电、供油(气)中断;工矿企业、商业、学校、卫生、行政、事业单位停课停工停业以及农林牧副渔减产减收等。次生灾害是指在某一原发性自然灾害或人为灾害直接作用下,连锁反应所引发的间接灾害,如暴雨、台风引起的建筑物倒塌、山体滑坡,风暴潮等间接造成的灾害都属于次生灾害。动力设备排除地面积水。

　　分析表明:在 40 年中呼伦贝尔市共出现 224 个暴雨日,日最大降水量出现在根河市,为126.7mm,时间为 1998 年 7 月 27 日。暴雨总量沿大兴安岭山脉自西北向东南方向递增,大兴安岭东面暴雨总量明显大于大兴安岭西,具有明显的区域性,说明地形对呼伦贝市暴雨作用显著。暴雨集中出现在 6—8 月,7 月为峰值,7 月、8 月暴雨日数占总数的 91%,大兴安岭东侧在 5 月和 9 月也有暴雨出现(图 2.4)。年代际变化呈波浪形特点,基本上是呈"少—多—多—更少"的变化规律;年暴雨日数与年降水量呈很好的正相关。局地单站暴雨发生最频繁(81.3%),其次是区域性暴雨(13.3%),连续暴雨发生频次较低。暴雨次数和暴雨量年际变化趋势一致,并在时间序列上均存在一致的 3 个时期:20 世纪 70 年代初暴雨较少期、20世纪 70 年代末到 90 年代末暴雨较多期、21 世纪初暴雨较少见(图 2.5)。

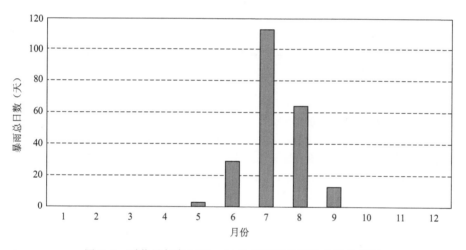

图 2.4　呼伦贝尔市 1971—2010 年暴雨总日数月际分布图

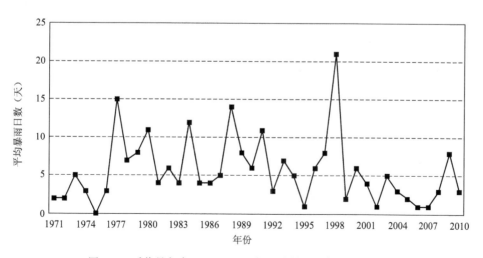

图 2.5　呼伦贝尔市 1971—2010 年平均暴雨日数年际变化图

从暴雨的空间分布来看,呼伦贝尔市东部的扎兰屯市、阿荣旗、莫力达瓦旗、鄂伦春和小二沟暴雨日数居多,40 年中总暴雨日数在 20 天以上,最多的阿荣旗为 29 天;海拉尔、陈巴尔虎旗、新巴尔虎左旗、鄂温克旗、额尔古纳市和根河市少于 10 天,最少的是鄂温克旗仅有 3 天。

2.3 风灾

2.3.1 定义标准

大风:我国天气预报业务规定,蒲福风级 6 级(平均风速为 $10.8 \sim 13.8 \ \mathrm{m \cdot s^{-1}}$)及以上或瞬时风速达到或超过 $17.2 \ \mathrm{m \cdot s^{-1}}$ 及以上的风,称为大风。某一日中有大风出现,称为大风日。

沙尘暴:强风将地面尘沙吹起,使空气很浑浊,水平能见度小于 1 km 的天气现象。在气象上,根据被大风吹起的沙尘对能见度的影响,将沙尘天气分为浮尘、扬沙、沙尘暴、强沙尘暴和特强沙尘暴五个等级。

2.3.2 发生规律及主要特征

大风是一种常见的气象灾害。强风常常从地面卷起大量的沙尘,使空气混浊,能见度明显下降,形成浮尘、扬沙和沙尘暴天气。呼伦贝尔市属于半干旱气候区,气候相对干燥,降水较少,易出现大风天气,但呼伦贝尔市植被较好,森林覆盖比较好,形成沙尘天气较少,从全区来说是大风、沙尘危害最小的地区。春秋季节,受西北路和西路冷空气东移形成的蒙古气旋或贝加尔湖冷锋气旋影响,呼伦贝尔市大部地区常会刮起 5、6 级以上大风,其中每年的 3—5 月大风出现的次数约占全年的 41%(图 2.6)。从全市平均大风日数年代演变看,20 世纪 70 年代平均每年发生大风的次数 23 次,80 年代平均每年发生 17 次,90 年代平均每年发生 13 次,2000 年之后平均每年发生 11 次,大风日数呈明显减少的趋势(图 2.7)。

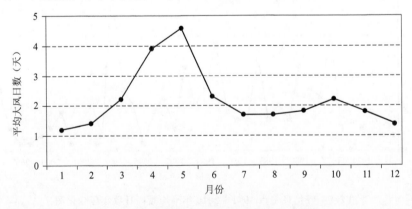

图 2.6　呼伦贝尔市平均大风日数月际变化图

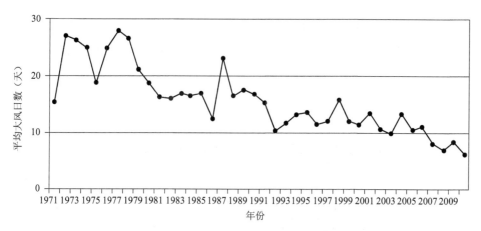

图 2.7　呼伦贝尔市 1971—2010 年平均大风日数年际变化

从年平均大风日数的空间分布情况来看,新巴尔虎右旗、满洲里市和博克图出现大风日数较多,年平均在 25 天以上,其余牧区旗市均在 15~25 天,额尔古纳市、根河市、鄂伦春旗和图里河地区大风日数相对较少,年平均不足 10 天。

沙尘暴形成需具备地面上的沙尘物质、大风和不稳定的空气状态等条件。沙尘暴可造成房屋倒塌、交通供电受阻或中断、火灾、人畜伤亡等,并污染自然环境,破坏作物生长。

呼伦贝尔市年平均沙尘暴发生次数只有 0.8 次。牧区出现沙尘暴日数最多,占总日数的百分 80%,农区占 11%,林区占 9%。春季发生沙尘暴的次数最多,频率最高,4 月、5 月沙尘暴日数约占全年沙尘暴发生次数的 72%。从沙尘暴发生次数的年代际统计得出,20 世纪70 年代平均每年出现 1.24 次,80 年代 0.93 次,90 年代 0.28 次,2000 年之后平均发生 0.32次,发生次数有明显减少的趋势(图 2.8)。

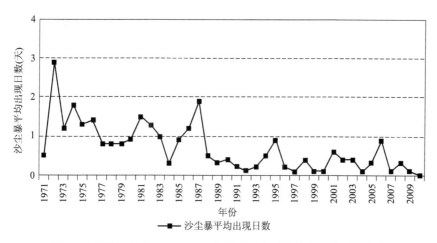

图 2.8　呼伦贝尔市 1971—2010 年沙尘暴年平均发生次数历年变化

13

从各站 40 年沙尘暴发生次数资料统计分析,新巴尔虎左旗、新巴尔虎右旗、满洲里市沙尘暴发生次数较多,年平均 2 次以上,为沙尘暴多发区;鄂温克旗、陈巴尔虎、海拉尔区、莫力达瓦旗发生次数次之,年平均为 1~2 次,其余旗市均小于 1 次,其中鄂伦春旗和图里河从来没有出现过尘暴。所以从地域分布总体特征来看,牧区发生的次数明显多于农区和林区,林区最少。

大风的危害,主要是其本身很强的动量给环境造成的机械损伤和破坏,如毁屋拔树、折枝损叶、落花落果、沙化土地等,而且大风的吹起物还会对生态环境造成进一步的损伤和破坏,如砸伤人畜、沙埋良田等。

沙尘暴天气使空气浑浊,能见度下降,风吹起沙子漫天飞舞,直接影响人的身体健康及交通安全。而严重的沙尘暴过程常卷起数亿吨沙尘,可填平水井、掩埋农田、房屋、公路、铁路,甚至将人畜窒息致死。

2.4 雪灾

2.4.1 定义标准

雪灾又分为白灾和暴风雪两类。

白灾:草原被深度超过 15 cm 的积雪覆盖,使放牧无法进行的一种灾害。如果积雪疏松,马、羊尚有可能扒开雪层而吃到牧草;如果积雪由于乍暖后又降温,雪表面结成冰壳,则牧畜不仅吃不到草而且易受冰壳刮伤。冬天,如果降雪过大,积雪过厚,牧草被大雪掩埋,到处白雪皑皑,放牧的家畜因吃不到草,冻饿而死,这就是牧业上的"白灾"。

通常大量降雪是白灾的起因,因此白灾的形成,关键取决于积雪状况,资料分析表明,降雪越大,则积雪越厚;温度越低,则积雪持续时间越长,只有超过一定深度的持续时间较长的积雪,才会形成白灾。分析还表明,"座冬雪"是形成白灾的必要条件。所谓"座冬雪"即积雪一冬不化的雪。内蒙古产生"座冬雪"的条件是:积雪深度≥7 cm,气温稳定≤−7 ℃,积雪难以融化。观测又表明,如果某一次降雪的积雪深度≥7 cm,则降雪量通常已达到大(暴)雪的量级,所以在日平均气温稳定≤−7 ℃之后,一场大(暴)雪即可形成"座冬雪"。

暴风雪:暴风雪也称雪暴。大量的雪被强风卷着随风运行,并且不能判定当时是否有降雪,水平能见度小于 1 km 的天气现象。一旦出现暴风雪,常在短时间内给草原上放牧的畜群造成灭顶之灾。

暴风雪天气的主要特点是雪大、风猛、降温强、灾害重。暴风雪发生时,狂风裹挟着暴雪,呼呼作响,能见度极差,同时气温陡降,其天气的猛烈程度远远超过通常的大风寒潮和大雪寒潮,一般其风力≥8级,降雪量≥8mm,降温≥10 ℃。

大风、暴雪、强降温联合肆虐是暴风雪灾重的主要原因。在风雪中,人和家畜的体热会大量地迅速损耗。损耗的速率跟人体与环境的温差、大气的热容量及风速有关,正是由于大风能从人的身体上带走大量热量,所以人们感到大风中异常寒冷。研究表明,在风力为6级,气温为0 ℃时,人的体感温度与静风下−16 ℃时相当;而在风力7级,气温为−5 ℃时,人的体感温度与静风时−25 ℃相当。而暴雪中,接近饱和的湿空气的热容量又远大于干空气的热容量,在同等风速下,高湿可带走更多的热量,暴雪中气温−5 ℃、风力7级时,人的体感温度竟是−35 ℃,以致很易发生冻伤。

2.4.2　发生规律及主要特征

雪灾是呼伦贝尔市冬半年的主要气象灾害,呼伦贝尔市是内蒙古雪灾最为严重的地区之一。每年冬半年北方的冷空气南下,与南方北上的暖湿气流在北纬50°附近交会,便在呼伦贝尔市产生明显的降雪天气。由于冬半年气温低,降雪过多、积雪深厚,形成明显的白灾,对交通、畜牧业生产造成巨大的影响。

统计分析各旗市40年大于10 cm的积雪资料表明:40年中林区积雪深度普遍超过10 cm,平均雪深21 cm,牧区积雪深度除了1974年、1975年、1976年和1986年、1995年,其余年份均超过10 cm,平均雪深14 cm,农区积雪深度有23个年份超过10 cm,平均雪深11 cm。最大雪深为73 cm,2004年出现在鄂伦春旗;最小雪深为4.3 cm,1974年出现在扎兰屯市。积雪主要集中在11月—次年4月,2月为峰值。年代际变化呈波浪形特点,但从1996年以后,林区和牧区积雪有所增加,雪灾年份增多(图2.9)。大兴安岭西侧的积雪比东侧深,且持续时间长,说明地形和气温对呼伦贝市积雪形成有显著作用。积雪深度与冬季降水量呈很好的正相关。

受干旱气候的影响,呼伦贝尔草原属于半荒漠草原,牧草的自然生长量有限,特别是冬春季牧草严重不足,如果遭遇雪灾,损失往往很大。大暴雪过后,广阔的牧场被大雪覆盖,它的影响首先是增加了家畜采食时行走的困难,并减少了家畜的可采食量;其次,雪面的高反照率又使下垫面接受的太阳辐射大大减少,而且融雪又需要大量的热量,因而积雪将使天气更加寒冷,这无疑会增加家畜的体能消耗,时间稍长,家畜储备的越冬体能消耗殆尽,便在饥寒交迫中大量死亡,于是灾害便形成。

暴风雪是草原牧区的一种危害严重的气象灾害。这种灾害发生时,常常是风雪弥漫,能见度差,出牧在外的人和家畜遇到这种天气,睁不开眼,辨不清方向,牲畜因受惊吓收拢不住,使放牧的畜群辨不清方向而顺风奔跑,有的掉进井、坑、湖泊、水泡和雪注中造成死亡,以致常常发生人畜摔伤、冻伤、冻死等事故,造成严重损失。暴风雪还常伴有剧烈的降温和降温后的低温天气,亦可造成人、畜的伤亡。特别是春季发生的暴风雪灾情更重。出现暴风雪

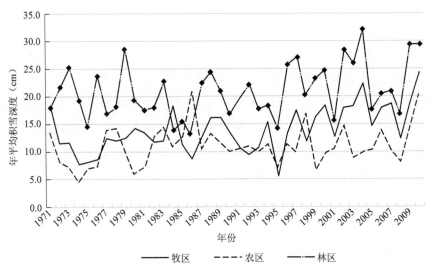

图 2.9　呼伦贝尔市 1971—2010 年积雪深度年际变化图

时,狂风裹挟着暴雪,刮得天昏地暗,一般其风力为 7～8 级,降雪量可达 8mm,降温幅度不小于 8 ℃。在暴风雪过程中,大风还常把地势高处和迎风处的雪,吹到地势低处和背风处,造成较深的积雪。史志上所记载的一些雪深逾丈,甚至雪深数丈的大雪,恐怕多数是暴风雪所致。

　　暴风雪短时间内便可显灾,主要使人和家畜遭受冻害。灾害基本上就在发生天气的当时显现,是一种真正的天气灾害。由于呼伦贝尔的畜牧业以野外放牧为主,所以凡是出现暴风雪天气,都有不同程度的灾害发生,尤其是放牧后到归牧前(09—17 时)突然发生的暴风雪,造成的灾害最大。

　　暴风雪灾害的大小还跟家畜的承灾能力,即家畜的体况有很大关系。在草原上放牧的家畜,其体况主要受草原上草量的影响。初冬时,家畜膘肥体壮,抗御风雪灾害的能力最强。经过一个冬春的体能消耗,春季家畜已相当虚弱,抗御风雪灾害的能力明显降低,一遇到暴风雪天气很易造成大批死亡。因此在呼伦贝尔草原上,春季暴风雪所造成的灾害最重,隆冬次之,而深秋到初冬出现的暴风雪灾害较轻。

2.5　寒潮

2.5.1　定义标准

　　寒潮又称寒流,指的是极地或高纬度地区的强冷空气大规模地向中、低纬度侵袭,造成大范围急剧降温和偏北大风的天气过程。按强度可分为寒潮、强寒潮、特强寒潮。

寒潮:24 h 内日最低气温下降幅度大于或等于 8 ℃,或 48 h 下降幅度大于或等于 10 ℃,或 72 h 下降幅度大于或等于 12 ℃;有些地区也可用 24 h 平均气温下降幅度大于或等于 8 ℃,或 48 h 平均气温下降幅度大于或等于 10 ℃,或过程(不超过 4 天,下同)平均气温下降幅度大于或等于 12 ℃来界定。并且过程最低气温下降到 4 ℃ 或以下,或观测有霜出现。

强寒潮:24 h 内日最低气温下降幅度大于或等于 10 ℃,或 48 h 内日最低气温下降幅度大于或等于 12 ℃,或过程最低气温下降幅度大于或等于 14 ℃。有些地区也可用 24 h 平均气温下降幅度大于或等于 10 ℃,或 48 h 平均气温下降幅度大于或等于 12 ℃,或过程平均气温下降幅度大于或等于 14 ℃来界定。并且过程最低气温下降到 3 ℃ 或以下,或地表温度下降到 0 ℃ 或以下。同时伴有 6 级以上大风或 7 级以上阵风,或伴有小到中量的雪或雨夹雪天气。

特强寒潮:24 h 内日最低气温下降幅度大于或等于 12 ℃,或 48 h 内日最低气温下降幅度大于或等于 14 ℃,或过程最低气温累计下降幅度大于或等于 16 ℃。有些地区也可用 24 h 平均气温下降幅度大于或等于 12 ℃,或 48 h 平均气温下降幅度大于或等于 14 ℃,或过程平均气温累计下降幅度大于或等于 16 ℃来界定。并且过程最低气温下降到 2 ℃ 以下,或地表温度下降到 0 ℃ 或以下。同时至少伴有 8 级以上强风、沙尘暴、大到暴雪、雨凇等高影响天气中的一种。

根据寒潮过程中伴随的天气将寒潮分为 4 种类型:

(1)大风类寒潮:在降温达标的同时,有 60％以上代表站出现 6 级或以上大风天气。

(2)降雪类寒潮:在降温达标的同时,有 50％以上代表站出现 1.0 mm 或以上降雪天气;5 月、9 月 10 mm 以上降雨或雨夹雪;4 月、10 月 5 mm 以上降雨或雨夹雪。

(3)降温类寒潮:仅降温达标,降雪和大风均达不到标准。

(4)风雪类寒潮:同时具备大风和降雪类寒潮标准。

呼伦贝尔寒潮多以大风类和降温类为主,降雪类和风雪类寒潮出现频次少。

2.5.2　发生规律及主要特征

寒潮是指强冷空气南下,受其影响的地区出现强烈降温,并伴有大风或降雪的天气过程。这种天气对农牧业、交通运输都会造成不利影响,甚至造成灾害。

呼伦贝尔市地处我国北方,是北方冷空气活动的主要地区,冬季、春季、秋季均有寒潮出现。春秋季寒潮会使早春和晚秋的农作物受害,导致作物减产,冬季寒潮致使牲畜冻伤、冻死,导致母畜流产,特别是暴风雪类寒潮天气,对牧业生产的危害尤为严重。

统计表明,寒潮活动具有比较明显的年际变化,1971—1980 年平均每年发生 10.3 次,是寒潮的高发年代,1981—1990 年平均 8.9 次,1991—2000 年平均 8.6 次,2001—2010 年平均为 9.6 次(图 2.10)。由于地处高寒,除 7 月外,全年各月均有寒潮发生,其中 10 月—次年 2

月是寒潮发生的集中期,而 11 月和 2 月为寒潮最密集的月份,3 月也是寒潮发生较密集的月份,尤其是牧区发生最多(图 2.11)。

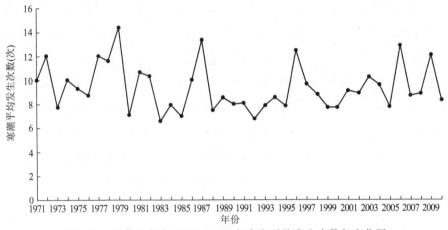

图 2.10　呼伦贝尔市 1971—2010 年寒潮平均发生次数年变化图

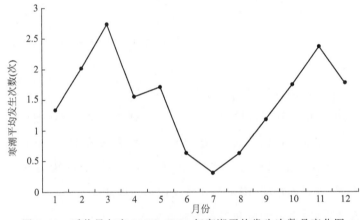

图 2.11　呼伦贝尔市 1971—2010 年寒潮平均发生次数月变化图

从寒潮发生的地域分布来看,大兴安岭东侧的寒潮次数明显少于西侧和岭上,图里河镇、鄂温克旗、根河市的寒潮最多,扎兰屯市、阿荣旗寒潮最少;牧区发生大风型寒潮的概率较大,岭东发生降雪型寒潮的概率较大。从寒潮强度来看,一般性寒潮(降温 8～10 ℃)占寒潮总数的 77%,平均每年 4.1 次,强寒潮(降温 10 ℃以上)占寒潮总数的 23%,平均每年 1.3 次。

2.6　霜冻

2.6.1　定义标准

霜冻是指一年中温暖时期,土壤表面和植物表面的温度下降到 0 ℃或 0 ℃以下,而引起植物损伤乃至死亡的农业气象灾害。

在气象观测中,霜是指地面或近地面物体上有水汽凝华而成的白色松脆的冰晶。出现霜必须具备两个条件,一是温度降到 0 ℃以下,二是近地面空气湿度比较大,如果空气干燥,即便温度降到 0 ℃以下,也不会出现霜。人们观察发现,有的时候农作物上没有霜,却受冻害或枯死,就是空气干燥的缘故,人们把这种现象称作"黑霜",而把有白色冰晶的称作"白霜",黑霜对农作物危害更大。

霜冻灾害的发生有两点是必不可少的,一是要有农作物,二是要有一定强度的低温,没有农作物,可以有霜,但不会有霜冻;温度不降到 0 ℃以下,不会有冻,当然也就没有霜冻,因此在没有农作物生长的季节和地区也就不会有霜冻灾害发生。

初、终霜日的早晚是评估霜冻灾害的一项重要指标,然而它并不是唯一的指标,降温强度、0 ℃以下的持续时间、霜冻时作物的生长阶段、以及前期气象条件,也都对霜冻的危害程度有影响。发生霜冻时,达到 0 ℃以下的降温幅度越大,受害程度便越严重,而且在 0 ℃以下持续的时间越长,受害越严重。

2.6.2　发生规律及主要特征

霜冻是农作物每年在春、秋两季易遭受的自然灾害之一,它对农业生产的影响很大,被霜冻打过的庄稼,重的可以冻死,轻的也会影响生长发育。霜冻形成的主要原因是贝加尔湖冷空气的入侵,温度剧烈下降,或者是地面辐射冷却热量散失,使近地面的空气变冷。因为呼伦贝尔市地理位置偏北,属高寒地区,是冷空气入侵的必经之地,气温变化剧烈,所以霜冻发生频繁。

霜冻灾害是一种严重的农业气象灾害。农作物会被几个小时甚至几十分钟的霜冻全部冻死,瓜果蔬菜会因一场早霜而绝产。不同农作物对霜冻的敏感程度也是不一样的,而且作物的不同生长阶段对霜冻的敏感程度也不一样,一般瓜果类蔬菜对霜冻都比较敏感,像辣椒、黄瓜、茄子等基本上是见霜死,而大白菜、甘蓝菜都比较耐霜冻;玉米、大豆、高粱、谷子及马铃薯在春季很易遭受晚霜冻的危害,而春小麦苗期却相当耐寒。处在灌浆、乳熟期的粮食作物对霜冻很敏感,而进入黄熟期以后,敏感度就大大下降。在初霜冻之前,如果出现了较长时间的阴雨和气温偏低的天气,就可能使作物发育期推迟、贪青,那么即使初霜日接近常年,也会因作物晚熟而发生霜冻灾害。

在呼伦贝尔市大兴安岭山地,年内各月均可出现霜冻。分析可知,大部分地区秋霜危害较春霜为重,特别是当年伴有如春旱,影响春播或出苗或洪涝和低温等其他灾害时,使秋霜来临前作物不能成熟,受害尤为严重。从地区分布来说,岭东受害最为严重。

从 40 年来资料分析,呼伦贝尔市各地的初霜日期有推迟的趋势而终霜日有明显提前的趋势。例如海拉尔站初霜日期最早出现在 1971 年 8 月 25 日,最晚出现在 2005 年 10 月 6

日,变化的线性趋势为 4 天/10 年;扎兰屯站初霜日期最早出现在 1981 年 8 月 30 日,最晚出现在 1994 年 10 月 5 日,变化的线性趋势为 1 天/10 年。海拉尔站终霜日最早出现在 2004 年 4 月 3 日,最晚出现在 1994 年 6 月 19 日,终霜日变化的线性趋势为－5 天/10 年;扎兰屯站终霜日期最早出现在 1978 年 4 月 18 日,最晚出现在 1990 年 6 月 4 日,变化的线性趋势为－3 天/10 年。(图 2.12、图 2.13),这样可以看出呼伦贝尔市的无霜期有延长的趋势。

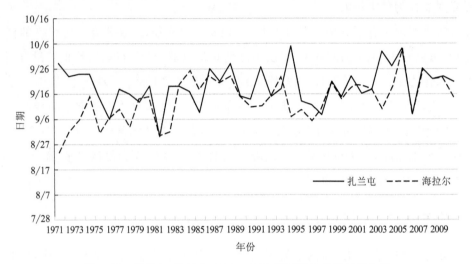

图 2.12　海拉尔、扎兰屯 1971—2010 年初霜日的历年变化图

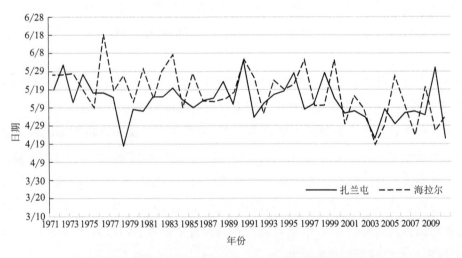

图 2.13　海拉尔、扎兰屯 1971—2010 年终霜日的历年变化

从各站近 40 年来的平均无霜日数统计分析,新巴尔虎右旗无霜期最长,达 140～160 天,新巴尔虎左旗、鄂温克旗南部和农区无霜期在 120～140 天,陈巴尔虎旗、海拉尔、牙克石市中南部和鄂伦春旗东南部在 100～120 天,额尔古纳市和根河市以及鄂伦春旗西北部均少于 100 天。

2.7 冰雹

2.7.1 定义标准

冰雹是坚硬的球状、锥状或形状不规则的固态降水,一般从积云中降下。直径大于 5 mm 的冰球叫雹块。雹块的大小差异很大,一般降雹的最大雹块直径小于 3 cm,常见的如豆粒大小,个别罕见的雹块直径大于 10 cm。雹块越大,下落速度和破坏力越大。如直径 3 cm 的雹块质量为 13 g,落速约 25 m·s^{-1},会给农业生产造成很大的灾害。

雹日是指气象台站记载的冰雹出现日数,一个测站在一天内出现冰雹,不论其时间长短都称作一个雹日。

2.7.2 发生规律及主要特征

有利于形成冰雹天气的大尺度形势背景主要有:蒙古冷低涡、高空冷低槽、高空西北气流和局地热对流等。其中蒙古冷涡形势下的冰雹天气持续时间长,影响范围大,且灾情比较重。

冰雹是一种中小尺度天气现象,产生在有不稳定气流的积雨云中。由于冰雹是在生命期较长的强对流天气系统中产生的固态降水物,因此形成冰雹不仅需要具备与雷阵雨相同的三个必要条件,即大气层结不稳定,较充沛的水汽和抬升力,还需要具备形成冰雹的一些特殊条件,能够形成冰雹的强对流云系,即雹云。这些条件是:①深厚的大气不稳定层结;②强盛的上升气流;③上干下湿的水汽分布;④0 ℃气层和−20 ℃气层的高度要适当。一般认为,有利成雹的 0 ℃层高度在离地面 2500～3500 m,−20 ℃层的高度在 5000～6500 m;⑤高空急流和上冷下暖的差动平流。

冰雹云的源地大多位于山区和地形复杂的地区,如山脉的迎风坡、向阳坡,山脉与平原接壤的地带,山区通向平川的谷口区,两支山脉汇集的喇叭口地区,陆地与湖泊、河流接壤的上风区以及地表复杂、地势起伏高度差大的山地和丘陵地等。

冰雹云的移动路径,主要取决于所处的天气系统的位置、气流方向以及当地的地形状况。内蒙古冰雹盛发季节,降雹天气系统多来自西北方,少部分来自西方或北方,且多由西北方向东南或由西向东移动。由于各地地形不同,冰雹天气系统的移动又受局地条件的影响,如冰雹云走向又常与山脉走向、河流走向、山谷走向一致,故有"雹打一条线,雨下一大片""雹走老路"之说。

冰雹是一种对农作物、草牧场乃至人畜生命危害严重的天气现象,也是呼伦贝尔市农牧业的重大灾害之一。俗话说:"春怕冰冻秋怕霜,蛋子打了干净光",充分说明了雹灾的严重性。据不完全统计,近几年各地每年遭受雹灾的面积达几十万亩甚至几百万亩,轻者打坏田苗、果木,重者折枝断穗,颗粒无收。

呼伦贝尔市冰雹的出现一般均伴随有大风、雷暴等强对流天气现象,其气象成因主要与大气环流背景有关。4 月和 5 月,西风槽盛行,冷暖空气活动异常剧烈,易出现强对流天气;6—8 月冷暖空气交替较为频繁,对流旺盛,多不稳定天气发生,极易形成冰雹云,尤其是中午至傍晚热对流旺盛,有利于冰雹的形成。从冰雹发生的时间来看,大部地区冰雹发生在 4—10 月,5—9 月是冰雹灾害频发期,约占全年的 97%。各旗市平均每年达到 1.6 日,博克图最多为 2.6 日,新巴尔虎右旗最少为 0.8 日。1980—1984 年为冰雹发生最多年份,其后逐年减少。全市 40 年共出现 1000 个冰雹日,博克图最多为 105 日,新巴尔虎右旗最少为 33 日。其中 6 月发生最多,达 299 日,平均每年 7.5 日。其次是 7 月、5 月和 9 月,出现冰雹日数分别为 184 日、171 日和 166 日,平均每年分别为 4.6 日、4.3 日和 4.1 日。4 月和 10 月出现冰雹的概率很小,每年平均不到 1 天(图 2.14)。

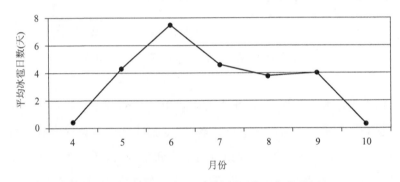

图 2.14 呼伦贝尔市平均冰雹日数月际变化图

呼伦贝尔市地形复杂,受大兴安岭影响大,温度变化剧烈,是内蒙古著名的多雹地区之一。从冰雹发生的地域分布来看,林区普遍偏多,最多是博克图,平均每年发生 2.6 次,陈巴尔虎旗和根河次之,最少是新巴尔虎右旗,平均每年发生 0.8 次。冰雹空间分布总的特点是岭东和大兴安岭山地多,岭西逐渐减少,东部丘陵多于西部草原,呈现东南部多、西北部少的趋势。

2.8 高温

2.8.1 定义标准

我国根据气候和环境特点,将每日极端最高气温分为三个等级:高温大于或等于 35 ℃,危害性高温大于或等于 37 ℃,强危害性高温大于或等于 40 ℃。每个站连续出现 3 天大于或等于 35 ℃高温或连续 2 天出现大于或等于 35 ℃并一天大于或等于 37 ℃定义为一次高温过程,连续出现 8 天大于或等于 35 ℃或连续 3 天大于或等于 37 ℃高温定义为强高温过程(张尚印,2004)。由于近年来高温热浪(酷暑)天气的频繁出现,高温带来的灾害日益严重。

虽然各个国家和机构对高温热浪(酷暑)的定义不尽相同,但有两点基本为大家所认可,首先高温热浪(酷暑)是气温异常偏高或为高温闷热,同时这种高温闷热天气要持续一段时间。

2.8.2 发生规律及主要特征

高温灾害主要是指日最高气温达到或超过 35 ℃,生物体不能适应这种环境而引发各种灾害现象,呼伦贝尔地处内陆、干旱少雨,盛夏季节虽无酷暑,但也常受暖高脊或蒙古暖高压控制,再加上全球气候变暖背景下的大气环流异常,夏季极端高温事件时有发生。

从 1971—2010 年 35 ℃及以上平均高温日数历年变化分析,40 年平均每年高温日数为 1.027 日,1997 年之前,大部分年份高温日数低于 1 天,比较平稳,1997 年以后高温年份增多,平均每年高温日数为 2.03 日,21 世纪以来高温天气有增多趋势,在 2010 年出现 5.75 个高温日(图 2.16)。

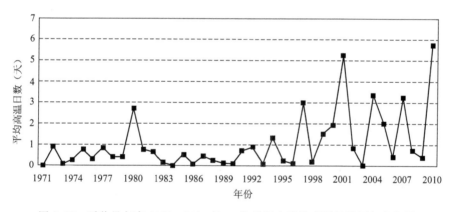

图 2.15　呼伦贝尔市 1971—2010 年 35 ℃及以上平均高温日数历年变化图

根据呼伦贝尔市各旗区代表站 1971—2010 年 35 ℃及以上高温日数的统计(图 2.17)显示,高温日数最多的是新巴尔虎右旗,40 年共出现 116 天,其次是新巴尔虎左旗出现 93 天,最少的是图里河仅出现 7 天,其余各站在 9~57 天。图中表明,牧区西南部是高温多发区,牧区东北部和农区中南部为次多区,林区高温最少。2004 年 7 月 21 日新巴尔虎右旗出现 42.5 ℃的极端高温天气。整体上,呼伦贝尔市是内蒙古自治区高温天气最少的地区,夏季凉爽怡人。

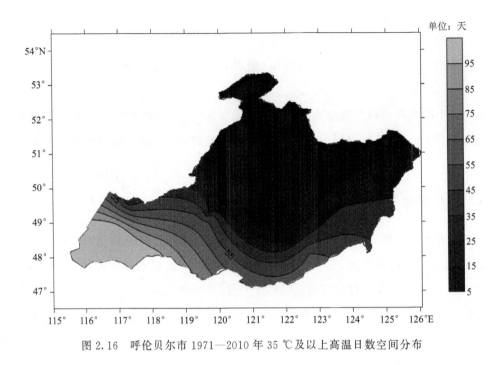

图 2.16　呼伦贝尔市 1971—2010 年 35 ℃及以上高温日数空间分布

2.9　雷暴

2.9.1　定义标准

雷暴是伴有雷击和闪电的局地对流性天气。它必定产生在强烈的积雨云中，因此常伴有强烈的阵雨或暴雨，有时有冰雹和龙卷。

雷暴是大气不稳定状态的产物，是积雨云及其伴生的各种强烈天气的总称。雷暴的持续时间一般较短，单个雷暴的生命史一般不超过 2 h。我国雷暴南方多于北方，山区多于平原。多出现在夏季，其次是春季和秋季，冬季只在我国南方偶有出现。雷暴出现的时间多在下午。夜间因云顶辐射冷却，使云层内的温度层结变得不稳定，也可引起雷暴，称为夜雷暴。

雷暴都产生于积雨云之中，所以对流是发生雷暴的先决条件。无论是小尺度系统孤立分散的积雨云，还是中尺度天气系统发展强盛的积雨云群，都必须具备大气不稳定层结，并包含充沛的水汽等基本条件，与低压槽、切变线、低涡、冷锋、飑线等天气过程密切相关。形成雷暴的积雨云，云底高度一般较低，云内对流旺盛，云顶高度可达 20 km 左右。云内的对流运动和水滴的不断碰撞分裂，使积雨云通过起电机制积累起大量的空间电荷，在云内不同部位形成分离的正、负电荷中心，造成极高的场强，当云与云之间、云与地之间的电位差增大到一定数值时，就可产生火花放电，发生雷电，即产生雷暴。

2.9.2 发生规律及主要特征

雷电灾害是"联合国国际减灾十年委员会"公布的最严重的十种自然灾害之一。雷电以其巨大的破坏力给人类社会带来惨重的灾难,尤其是随着电子技术、网络技术、信息技术的广泛应用,城市高层建筑物的日益增多,雷电灾害的影响范围越来越广,危害程度越来越重,造成损失及社会影响越来越大,对国民经济造成的危害日趋严重。特别是森林雷击火对呼伦贝尔森林生态环境造成很大的影响。

40 年雷暴资料分析得出:一天中雷暴的盛发期在午后到傍晚(12—21 时),14—18 时是雷暴出现的峰值时段。从呼伦贝尔市 1971—2010 年年平均雷暴日数历年变化图可以看到,呼伦贝尔市年平均雷暴日数最多的是 1975 年 37 天,最少的是 2007 年共 17 天,全市年平均雷暴日数 27 天。从年代际变化来看,20 世纪 70 年代平均每年雷暴日数 30 天,80 年代平均 29 天,90 年代平均 25 天,2000 年以来平均 23 天。雷暴日呈现逐年减少的趋势(图 2.18)。

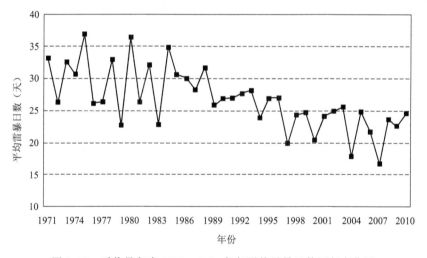

图 2.17 呼伦贝尔市 1971—2010 年年平均雷暴日数历年变化图

呼伦贝尔市雷暴空间分布特征:大兴安岭及东部地区是雷暴多发区,但阿荣旗相对较少,雷暴最多是鄂伦春旗;岭西雷暴普遍较少,但牧区东部比牧区西部相对较多,最少的是新巴尔虎右旗。

雷暴所产生的强大电流、炽热的高温、猛烈的冲击波、剧变的静电场和强烈的电磁辐射等物理效应,往往给人类带来多种危害,如造成人员伤亡,引起森林火灾,使建筑物、构筑物毁坏和起火,引燃引爆易燃易爆物品,对电力通信、电脑等电气设备、线路造成巨大破坏,酿成空难事件等。

雷暴的破坏作用:①热效应:雷电放电通道温度很高,一般在 6000~20000 ℃,甚至可以高达数万摄氏度。高温虽然维持时间只有几十微秒,但它碰到可燃物时,能迅速引燃起火。②机械效应:雷电流的机械破坏作用很大,这是因为最大值可达 200～300 kA 的雷电流温度很高,当它通过地面物体时,其内部水分受热急剧汽化,产生强大的机械力,使地表建筑物、构筑物等遭受破坏。③雷电反应:建筑物、构筑物的防雷装置在接受雷击时,会产生很高的电位,当防雷装置与建筑物内部的电气设备、线路或其他金属管线的绝缘距离太小时,它们之间就会发生放电现象,即出现反击电压,破坏电气设备的绝缘性能,金属管被烧穿,甚至还能引起火灾爆炸和人身伤亡事故。④雷电流的电磁效应:电磁感应是由于雷电流的迅速变化,在它的周围空间里,就会产生强大而变化的磁场,处于这一磁场中间的导体会感应出强大的电动势。电磁感应可以使闭合回路的金属物产生感应电流。如果回路间导体接触不良,就会产生局部发热,这对于存放可燃物品,尤其是易燃、易爆物品的建筑物是危险的。⑤雷电流引起跨步电压:当雷电流经过雷击点或接地装置流散到周围土壤时,由于土壤有一定电阻,在其周围形成电位差。如果人畜经过,只要脚接触地面的电位不同,形成电位差,就会产生跨步电压而触电。

雷暴的危害方式:①直击雷:雷电直接击在地表建筑物和构筑物上,它的高电压、大电流产生的电效应、热效应和机械力会造成许多危害。如房屋倒塌,烟囱崩毁,引起森林火灾和油库等易燃易爆场所爆炸,造成飞行事故、户外的人畜伤亡等。直接遭受雷击的机会不多,但危害极大。②雷电感应:又称雷电的二次作用,即雷电流产生的静电感应和电磁感应,感应产生的电压、电流虽不如直击雷大,但也能造成很大危害。由于直击雷的机会不多,所以雷电的二次作用的危害不可低估,具体又分为:静电感应、电磁感应、雷电波侵入。

第3章　天气系统概述

3.1　短波槽

作为中高纬度西风带最为活跃的天气系统,短波槽对呼伦贝尔的影响最为频繁。短波槽单独作用可产生降水,与冷空气配合可产生降温,夏季则可触发对流天气产生,若与锋区叠加则可快速发展形成冷涡或低涡,此外,短波槽可促使地面系统发展,产生大风,在适当的高低空、上下游系统配合下,还可产生其他天气。

对于中高纬度而言,流场(即风场)与高度场(或气压场)相互适应,因此,天气图上,高度场的短波槽往往与流场的气旋性环流相互对应。短波槽在对流层中层较易出现,低层由于等高线相对稀疏,短波槽不易分析,但流场仍对应有气旋性环流与之配合。

根据位势倾向方程可知,短波槽的形成一般由两种作用所导致:其一为地转适应尚未完全建立的情况下相对涡度平流的作用;其二为高低空温度差动平流的作用;此外,地表非绝热作用与地形降压作用在特定的季节及地域同样可以导致短波槽的产生与发展。

呼伦贝尔地处高纬,热力条件欠缺,如若产生灾害性天气,在热力条件不甚充足的情况下,需要强烈的动力条件弥补,而较之冷涡、低涡等切断形势,短波槽的动力条件显然不足,因此对于呼伦贝尔而言,短波槽所引发的灾害性天气并不常见。此外,同样由于地理位置偏北,冷空气活动频繁,切断形势较易生成,故而单独的短波槽不易出现,往往是由发展强大的冷涡或低涡南伸而形成。过去习惯将与冷涡或低涡相连的短波槽归入冷涡之中,但究其本质,短波槽的动力机制是由槽区的曲率涡度与槽前急流导致的切变涡度共同提供,这与冷涡或低涡的动力机制有本质区别,须加以区分。

呼伦贝尔典型短波槽(图 3.1)流型配置如下:

高度场上,高空整层均为槽区控制,高层浅平、低层狭深,且 500 hPa 向上槽区往往与冷涡相连;风场上有西北风(或偏西风)与西南风(或偏南风)构成的冷锋式切变相配合,越向低层,切变越为显著;温度场上多有冷槽;海平面气压场上有明显的冷锋及锋面气旋存在。

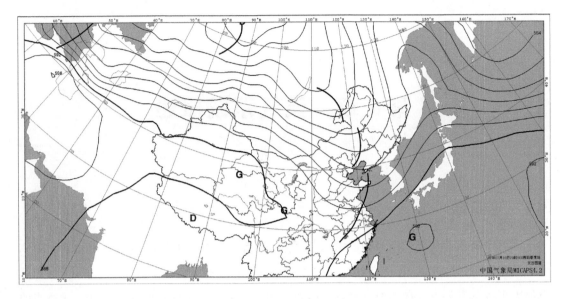

图 3.1　短波槽

3.2　冷涡

冷涡作为深厚、稳定的天气尺度系统,对呼伦贝尔影响最为显著,致灾也往往较重,冬半年往往导致严重的风雪寒潮天气,夏半年可引发暴雨以及山洪、内涝等次生灾害,春秋季节在稳定环流形势控制之下,冷涡长时间停留,可引发连阴雨天气,造成严重的农业灾害,此外,由于冷涡往往配合冷空气活动,还可引发强对流天气。

若冷涡发展往往较为强盛,高低空配置一致,均为低中心配合冷中心,并与气旋式环流相适应,地面则多为发展至成熟阶段的气旋,冷暖锋面不显。

天气图上,冷涡表现为高度场闭合低中心与温度场闭合冷中心相互配合,其闭合等高线不少于两根,低中心与冷中心相距不超过四分之一波长,并且流场上有完整的气旋式环流与之配合。

根据形成地域的不同,影响呼伦贝尔市的冷涡可分贝加尔湖冷涡、蒙古冷涡、东北冷涡等,但究其成因,大致可分两种:其一,受大气环流与地形强迫的共同作用,乌拉尔山附近较易形成阻塞高压,阻高脊前的偏北气流引导冷空气南下,此时若有扰动生成,在强冷平流的作用下,扰动将在东移南下的过程中迅速发展,往往在 40°～50 °N 之间形成深厚的冷涡,而后转向东北,影响呼伦贝尔市;其二,极涡呈偏心型或偶极性,亚洲大陆一侧强度偏强,中心偏移至西伯利亚地区并稳定少动,不断分裂冷空气南下,配合适当的环流形势,在 50°～60 °N 之间形成冷涡,之后东移南下,影响呼伦贝尔市。需要明确的是,上述两种原因并非相互独立,而是共同作用的。前者较易形成蒙古冷涡,后者则易形成贝加尔湖冷涡,而东北冷涡往往由蒙古冷涡或贝加尔湖冷涡进入东北平原后加强所致。

呼伦贝尔典型冷涡(图 3.2)流型配置如下:

高度场上,500 hPa 及其以下各层均可分析出明显的闭合低值中心,并配合有温度场的冷中心或冷槽,此外,风场上同样有明显的气旋性环流存在,而海平面气压场上则多为冷涡向下伸展而形成的气旋,锋线不显,整层的温、压、风场配置趋于一致。

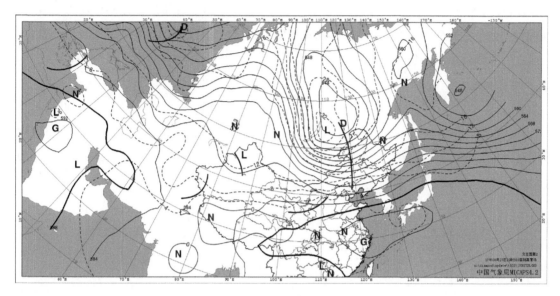

图 3.2　冷涡

3.3　低涡

等压面位势高度场上闭合低值系统,若流场上配合有闭合气旋性环流但若温度场上并未有闭合冷中心对应存在,则此时系统呈现出热力不对称形态,即为低涡。

与冷涡相较而言,尽管低涡的伸展高度、发展强度、影响范围均不及前者,但若配合有适当的低纬环流形势,则低涡亦可产生灾害性天气。(图 3.3)

同为高度场(气压场)系统,低涡与冷涡共通之处甚多,高度场上均有闭合低值中心,并配合有风场气旋性环流,海平面气压场上则多为发展完好的气旋,且锋线往往不显。但同时,低涡与冷涡也多有相异之处,从天气分析的角度出发,两者温压场配置、强度、伸展高度、影响范围及产生天气均不尽相同。

此外,位势倾向方程指出,位势高度由涡度平流、温度平流及非绝热因子决定,对于中高纬度而言,大气运动近似地转,故而涡度平流对系统的发生发展不起作用,若忽略非绝热因子的作用,则温度平流是影响高空系统发生发展的主要因素。因此,冷涡与低涡的形成,本质上均是由强冷平流作用所致,但不同的是,前者是由强冷空气活动引发的强冷平流促使扰动发展而形成,后者则是由纬向锋区叠加经向扰动引发的强冷平流促使扰动发展而形成,即锋区的斜压有效位能向扰动动能的转化。

高空成涡后,涡前暖平流导致气柱膨胀、质量散失,地面气压减小,而涡前正涡度平流又促使地面气旋性环流发展,两者共同作用致使地面气旋发展,因此锋线往往并不显著。

需要指出的是,冷涡、低涡在旋转过程中,切变或辐合有时并不出现在旋转中心的一、四象限而是出现在二、三象限,相应地,相对涡度与涡度平流的动力作用也在涡后较为显著,在这种情况下,水汽在涡前难以辐合,继而跟随大气流场转至涡后,在动力作用下辐合抬升,形成降水,同样可达致灾程度。

呼伦贝尔典型低涡流型配置如下:

高度场上,500 hPa 多为浅槽或平直气流,700 hPa 有明显的短波槽,850 hPa 上则出现闭合低值中心;风场上,850 hPa 配合有完整的气旋性环流,有时可伸展至 700 hPa;温度场上,多是平直锋区而非冷槽,配合闭合环流两侧的经向风,有利于冷暖平流的输送,进一步促进系统的发展;海平面气压场上,低涡向下伸展而形成气旋,有时锋线不显。

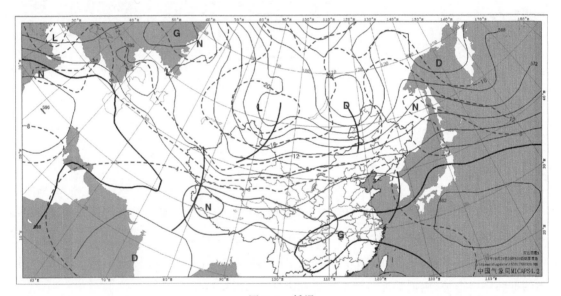

图 3.3　低涡

3.4　切变线

副热带高压外围偏南(或西南)气流与西风带高压脊前偏北(或东北)气流之间,高度场上较难分析出等高线,但风场上往往较易形成明显的切变线(图 3.4)。标准切变线的形成,要求副热带高压北伸脊点位置相对较北,同时西风带高压在东移的过程中得以维持且强度不至过强,而由于呼伦贝尔市地处高纬,上述两点往往难以同时满足,因此标准切变线极少出现,历史上切变线致灾较少,均由低涡并入副高或下游阻高时减弱填塞而形成。

与冷涡、低涡相比,切变线维持时间较短,且高低层配置欠佳,但切变线形成的同时往往伴随低空急流的建立,保证了水汽条件的供应,并弥补了动力条件的不足,因此当有切变线过境时,反而应当警惕灾害性天气的出现。

从天气学分析的角度出发,槽线是低压槽区内等高线曲率最大点的连线,而切变线则是风的不连续线,在这条线的两侧风向或风速有较强的切变。槽线和切变线是分别从气压场和流场定义的不同的天气系统,但因为风场与气压场相互适应,故而槽线两侧风向必定也有明显的转变,同样,风有气旋性改变的地方,一般也是槽线所在处,因此两者又有着不可分割的联系。一般而言,往往在风向气旋性切变特别明显的两个高压之间的狭长的低压带内或非常尖锐而狭长的槽内分析切变线,而在气压梯度比较明显的低压槽中分析槽线。主观分析时,可遵循"槽线过等高线"而"切变线不过等高线"这一原则进行分析。

切变线对于呼伦贝尔市而言极为罕见,目前尚无深入研究,根据对仅有几次过程的分析,呼伦贝尔典型切变线流型配置如下:

高度场上,500 hPa短波槽在东移的过程中受阻停滞,槽后暖性高压脊在发展的过程中绕过短波槽向东北伸展,致使短波槽由经向转为纬向并逐渐减弱,850 hPa上则为低涡在暖平流的作用下减弱填塞并入副高,涡后高压东移形成两高对峙的形势;风场上,低空气旋性环流逐渐转为狭长的切变;温度场上往往有冷槽与切变线配合。

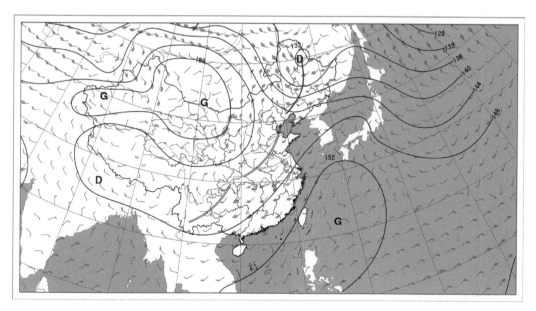

图 3.4 切变线

3.5 辐合线

沿流线方向,风速突然减小或风向突然转变时,可分析辐合线(图 3.5)。高空流场较为连续,辐合线不易出现,但地面流场受下垫面影响较为明显,多辐合线活动。

需要明确指出的是,作为流场分析中的概念,切变与辐合均建立于自然坐标中,而在自然坐标下,速度作为代数值,仅有大小或正负,而无方向,因此"风向切变/辐合"及"风速切变/辐合"此类描述均不严谨。相关物理量的计算方法为:

$$SHR = -\frac{\partial V}{\partial n} \tag{3.1}$$

$$CVG = -\frac{\partial V}{\partial s} \tag{3.2}$$

式中:SHR 代表切变;CVG 代表散度;V 代表速度;n 代表流线的法向方向;s 代表流线的切向方向。

$SHR>0$,则为气旋式切变,$SHR<0$,则为反气旋式切变;$CVG>0$,则为辐合,$CVG<0$,则为辐散。

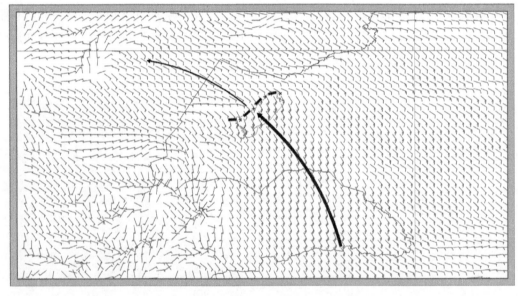

图 3.5　辐合线

3.6　低空急流

对流层低层(离地面 $1000 \sim 4000$ m)中水平动量相对集中的气流带,称为低空急流,一般而言其风速阈值界定为 12 m/s。

低空急流(图 3.6)两侧往往对应较强的风速水平切变,而垂直方向上则有两种情况:其一,低空急流在垂直风向上具有风速极大值,急流轴上下均有明显的风速垂直切变;其二,低空急流上下风速均随高度减小,但在急流轴之上随高度减小较慢或风速上下几乎相等。对于南方地区而言,前者较为常见;而对于呼伦贝尔而言,后者则出现较多。

偏南低空急流往往对应水汽及能量输送,易产生降水,偏北低空急流则对应冷空气活动,并引起水平动量的垂直传递,易产生降温与大风。

对于呼伦贝尔而言,偏南低空急流往往与发展强盛的低涡或冷涡联系,急流轴左侧对应切变线活动,急流轴前方则对应辐合线活动,而急流轴左侧的气旋式切变产生切变涡度,对应动力不稳定条件,因此偏南低空急流一旦建立,往往预示暴雨、暴雪即将产生。

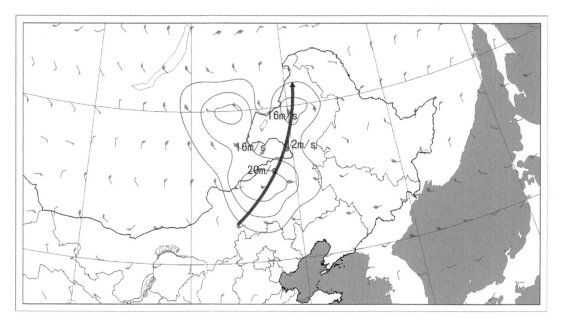

图 3.6　低空急流

3.7　高空急流

与低空急流相似,对流层中上层水平动量相对集中的气流带,称为高空急流,高空急流分析起始风速阈值界定为 30 m/s。高空急流风速水平切变量级约为每百千米 5 m/s,垂直切变量级为每千米 5～10 m/s。

高空急流(图 3.7)往往与高空锋区对应,一般而言,随季节转换,呼伦贝尔冬春季节多处于极锋锋区控制之下,夏秋季节则惯受副热带锋区影响,对应冬半年往往受极锋急流控制而下半年往往受副热带西风急流影响。

高空急流左侧对应气旋性切变,相应产生曲率涡度与涡度平流,其量级与地转参数相同,远大于低空急流;此外,高空急流两侧受侧向混合作用影响,相应出现偏差风,左侧偏差风辐合,右侧偏差风辐散。可见,高空急流对低层系统具有显著影响。

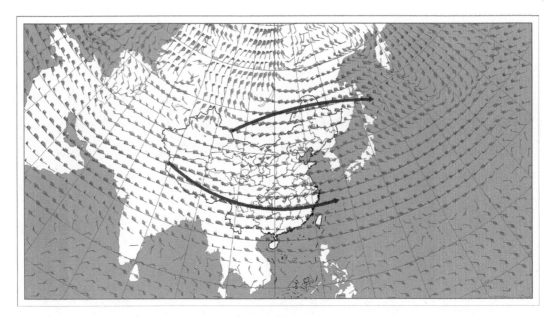

图 3.7　高空急流

3.8　锋面气旋

冬春季节,呼伦贝尔处于极锋锋区控制之中,南北热量、动量交换极弱,此时低空若有扰动与锋区叠加,则相应出现南北热量交换,即出现冷暖平流,促使扰动迅速发展,形成涡动,对应地面即出现锋面气旋(图 3.8)。

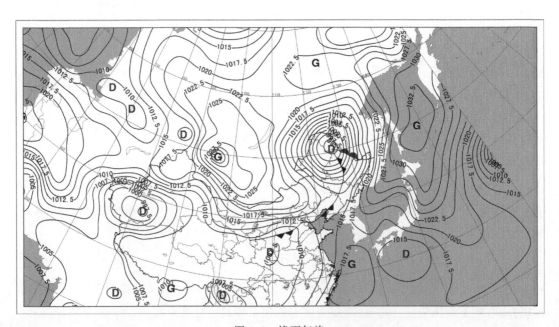

图 3.8　锋面气旋

如前所述,锋面气旋往往对应低空低涡,温压场呈现出典型的热力不对称结构。处于波动阶段的锋面气旋,形态多呈带状,冷暖锋面尚难完全区分,锋面类似准静止锋;进入成熟阶段后,气旋形态转为涡状,冷暖锋面较为明显;锢囚及消亡阶段,气旋形态表现为圆形,此时冷暖锋面已较难分析。

锋区本质为两个性质不同的气团之间的过渡区,锋区附近,气象要素梯度极大,相应锋面气旋往往引发剧烈天气,冬半年多引发风雪寒潮天气,夏半年则易触发对流天气产生。

一般而言,锋面气旋移向的正前方,有明显的正变压,变压风辐合较为明显,因此较易产生降水,而冷锋后部对应较强冷平流与较大气压梯度,因此较易引发寒潮与大风。

3.9 低压倒槽

西南涡、西北涡沿副高外围向东北移动,高空形势逐渐减弱,地面出现低压倒槽(图3.9),蕴含丰富水汽,易产生降水;或高空槽、切变线对应而生。

西南涡、西北涡在东进过程中受副高阻挡,转向东北移动,此时高空形势逐渐减弱,地面则出现低压倒槽。夏半年,锋区较弱,高空槽、切变线活动时,地面难以出现发展完好的气旋,多出现低压。此外,暖平流较强时,地面也多见低压倒槽发展。

由于低压倒槽往往由南向北伸展,因此其水汽含量较为丰富,倒槽顶部多为负变压区,且流场多存在气旋式切变或辐合,因此低压倒槽较易产生降水天气,夏季若有强暖平流配合,则易引发热对流产生。

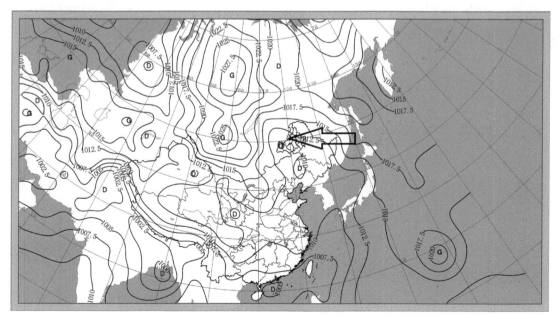

图 3.9 低压倒槽

3.10　冷高压

冬半年,如遇极涡偏心于欧亚大陆,极涡后部较易形成阻塞高压,在稳定的环流形势下,脊前偏北气流引导冷空气南下,在关键区堆积,地面则多对应强盛冷性高压发展。

如若环流形势持续稳定,则冷高压(图 3.10)稳定少动,对应冷空气扩散南下,此时较易产生长时间低温天气;如若环流形势出现剧烈调整,则在高空形势影响下,冷高压快速南下,对应冷空气爆发,多引发寒潮天气。

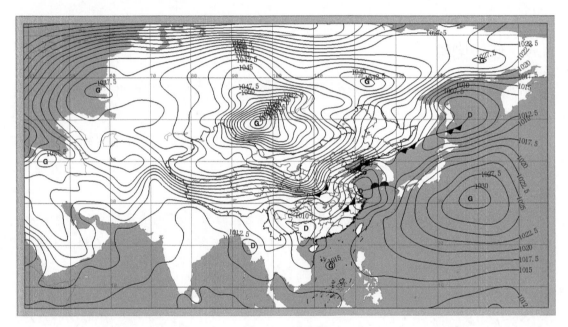

图 3.10　冷高压

3.11　其他天气系统

3.11.1　副热带高压

南北半球副热带地区,受哈得来环流下沉支的动力作用影响,出现稳定强盛的高压,称为副热带高压。由于海陆分布不均,副热带高压多断裂为若干单体。呼伦贝尔往往受西太平洋副热带高压单体影响。

作为深厚的暖性高压,副热带高压(图 3.11)常年存在,稳定少动,内部多呈准正压状态。受其控制的地区多出现晴热天气,而其边缘对流活动旺盛。

西太平洋副热带高压对呼伦贝尔少有直接影响,其作用往往通过中低纬度其他天气系统表现,如低空急流的建立、阶梯槽或北涡南槽形势的出现,都与副热带高压的活动有关。

一般以 500 hPa 等压面位势高度场上 588 dagpm 线作为副热带高压的控制范围。

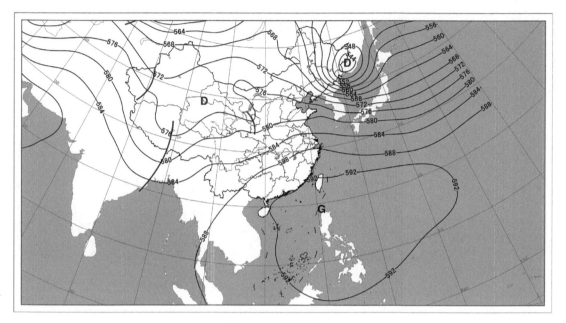

图 3.11 副热带高压

3.11.2 极涡

作为控制极地最为强盛的天气系统,极涡(图 3.12)常年稳定于极地高空,但 100 hPa 等压面位势高度场上,由冬至夏,其数值差异十分显著,盛夏可高达 1650 dagpm,隆冬则低至1500 dagpm,因此极涡分析不可单纯依靠数值,流型辨识应当着眼于位势高度闭合中心,而强度判断也应当着眼于位势梯度大小。一般而言,极涡呈偏心型或偶极型,则有利于东亚地区出现寒潮天气过程。

3.11.3 极地高压

由于大气环流作用,极地附近对流层内多为低值系统控制,但偶有阻塞高压向北强烈发展进入极地,则极地可转为高值系统控制。500 hPa 等压面位势高度场上,70°N 以北若有闭合高值中心存在,并配合温度场暖中心与流场反气旋式环流,则可判定极地高压(图 3.13)生成。发展强盛的极地高压可迫使极地冷空气南下,配合适当环流形势,即可形成寒潮天气。

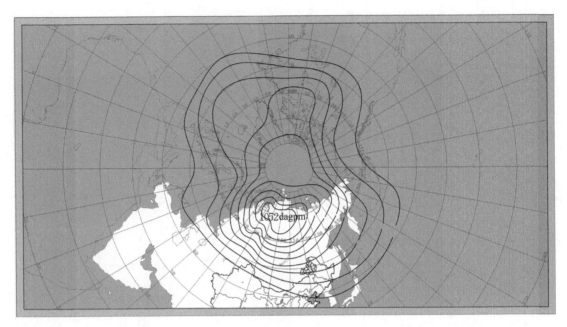

图 3.12　极涡

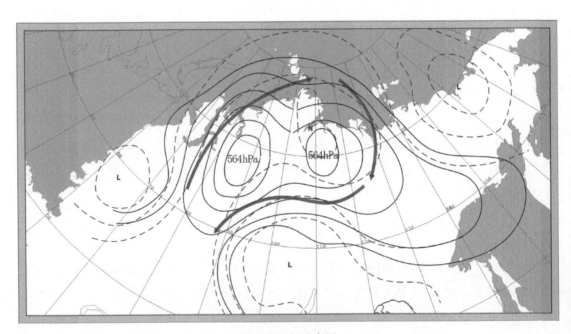

图 3.13　极地高压

3.12　位势倾向方程与 ω 方程

3.12.1　位势倾向方程

准地转位势倾向方程是对中纬度天气尺度运动系统进行诊断分析的常用诊断方程之一,它可由准地转模式的基本方程组(准地转涡度方程与准地转热力学方程)导出。定义位势倾 $\chi = \partial\phi/\partial t$,并对准地转涡度方程与准地转热力学方程进行处理,即可得到准地转位势倾向方程,简称位势倾向方程:

$$\left[\nabla^2 + \frac{f_0^2}{\sigma_s}\frac{\partial^2}{\partial p^2}\right]\chi = \underbrace{-f_0 \boldsymbol{V}_g \cdot \nabla\left(\frac{\nabla^2\phi}{f_0} + f\right)}_{} + \underbrace{\frac{f_0^2}{\sigma_s}\frac{\partial}{\partial p}\left[-\boldsymbol{V}_g \cdot \left(\frac{\partial\phi}{\partial p}\right)\right]}_{} \tag{3.3}$$

$$\quad\ \text{A} \qquad\qquad\qquad \text{B} \qquad\qquad\qquad \text{C}$$

该式提供了局地位势(A 项)与涡度平流分布(B 项)和厚度平流分布(C 项)的一种动力约束关系,式中的 $\boldsymbol{V}_g$ 可通过地转平衡关系换成 ϕ 的函数形式表示。如果在某一时刻的 ϕ 场已知,则该式是一个关于未知量 χ 的线性偏微分方程,所以仅由 ϕ 场的瞬时观测值就可以估算位置倾向 $\partial\phi/\partial t$。由此,中纬度天气尺度系统的演变可以在没有流场直接观测资料的情况下被预报出来。

3.12.2　ω 方程

由准地转涡度方程和准地转热力学方程可以推导出一个用于诊断估算垂直运动的准地转 ω 方程,简称 ω 方程:

$$\left[\nabla^2 + \frac{f_0^2}{\sigma_s}\frac{\partial^2}{\partial p^2}\right]\omega = \frac{f_0}{\sigma_s}\frac{\sigma}{\partial p}\left[\boldsymbol{V}_g \cdot \nabla\left(\frac{\nabla^2\phi}{f_0} + f\right)\right] + \frac{1}{\sigma_s}\nabla^2\left[-\boldsymbol{V}_g \cdot \left(\frac{\partial\phi}{\partial p}\right)\right] - \frac{R}{cp\sigma_s p}\nabla^2\frac{\delta Q}{\delta t}$$

$$\tag{3.4}$$

若不考虑大气中的非绝热加热的作用,则上式是一个由瞬时 ϕ 场决定 ω 的诊断方程。

第4章 暴雨灾害影响及其分析

4.1 概述

暴雨是呼伦贝尔市较为常见的灾害性天气,往往造成洪涝灾害和严重的水土流失,导致工程失事、堤防溃决和农作物被淹等重大的经济损失。特别是对于一些地势低洼、地形闭塞的地区,雨水不能迅速宣泄造成农田积水和土壤水分过度饱和,会造成更多的地质灾害。若出现连续多日暴雨,则可导致山洪爆发,水库垮坝,江河横溢,房屋被冲塌,农田被淹没,交通和电讯中断,会给国民经济和人民的生命财产带来严重危害。可见,不仅影响工农业生产,而且可能危害人民的生命,造成严重的经济损失。

呼伦贝尔市受季风环流影响,降水随季节变化显著,暴雨多集中于夏季,尤以7月下旬至8月上旬为多,地理分布则呈东多西少,尤以大兴安岭以东为多。

本章首先对暴雨相关标准进行梳理,而后对暴雨致灾情况进行归纳整理,之后对暴雨气候特征进行详述,最后通过分析暴雨成因机制,根据环流形势、形成条件、指标阈值,制定暴雨分析流程。

4.2 定义标准

4.2.1 资料选取

选取呼伦贝尔市气象局辖下16个国家站(基准站、基本站、一般站)1961—2015年共计55年日降水量资料,日界为北京时间20:00。

4.2.2 定义标准

参照《降水量等级》(GB/T 28592—2012)国家标准,对降雨量等级进行划分。呼伦贝尔市1961—2015年日降水量达到或超过100.0 mm共出现合计14次,极值为127.5 mm,样本过少,不具统计意义,因此不单独针对大暴雨进行统计,而将其列入暴雨之中。

单站暴雨:某观测日内有且仅有1个国家站日降水量达到或超过50.0 mm,即记为单站暴雨。

区域暴雨：某观测日内有 2 个或以上国家站日降水量达到或超过 50.0 mm，即记为区域暴雨。

暴雨过程：一个观测日内有至少 1 个国家站日降水量达到或超过 50.0 mm，且另外有至少 2 个国家站日降水量达到或超过 25.0 mm，即记为一次暴雨过程，连续多日达到上述标准，记为同一次暴雨过程。

暴雨日：某观测日有 1 个或以上国家站出现暴雨，即记该日为暴雨日。一个或连续多个暴雨日，均记为一次暴雨过程。

4.3　灾情实况

4.3.1　暴雨灾情

本章(表 4.1、表 4.2)所列暴雨灾情及其损失数据源自《中国气象灾害大典(内蒙古卷)》《呼伦贝尔市气象局历年气象灾害报表》《呼伦贝尔市气象局气象灾情普查表》(2007 年整理上报)。

表 4.1　呼伦贝尔市历次暴雨灾情影响时间及范围

开始日期	结束日期	受灾旗(市、区)	受灾镇(乡、苏木)
1952 年 8 月 8 日	1952 年 8 月 8 日	莫力达瓦旗	诺敏河
1953 年 5 月 6 日	1953 年 5 月 7 日	扎兰屯市	全市范围
		新巴尔虎右旗	全旗范围
		莫力达瓦旗	全旗范围
1998 年 7 月 17 日	1998 年 7 月 18 日	新巴尔虎右旗	全旗
1984 年 4 月 14 日	1984 年 4 月 15 日	鄂温克族自治旗	巴彦托海镇、巴彦塔拉苏木
1984 年 8 月 8 日	1984 年 8 月 13 日	额尔古纳市	全市
1984 年 8 月 25 日	1984 年 8 月 26 日	莫力达瓦旗	全旗范围
1985 年 7 月 5 日	1985 年 7 月 6 日	莫力达瓦旗	全旗范围
1986 年 7 月 23 日	1986 年 7 月 23 日	莫力达瓦旗	全旗范围
1987 年 6 月 19 日	1987 年 6 月 19 日	满洲里市	全市范围
1988 年 7 月 22 日	1988 年 7 月 22 日	扎兰屯市	全市范围
1988 年 8 月 5 日	1988 年 8 月 9 日	额尔古纳市	上库力街道、莫尔道嘎镇、恩和乡
1988 年 8 月 6 日	1988 年 8 月 8 日	鄂伦春自治旗	全旗范围
		牙克石市	全市范围
		额尔古纳市	全市范围
1988 年 8 月 7 日	1988 年 8 月 7 日	鄂伦春自治旗	全旗范围

续表

开始日期	结束日期	受灾旗(市、区)	受灾镇(乡、苏木)
1988 年 8 月 30 日	1988 年 8 月 30 日	莫力达瓦旗	全旗范围
1989 年 6 月 24 日	1989 年 6 月 24 日	鄂伦春自治旗	全旗范围
1989 年 7 月 23 日	1989 年 7 月 23 日	莫力达瓦旗	全旗范围
1990 年 6 月 4 日	1990 年 6 月 4 日	莫力达瓦旗	全旗范围
1991 年 7 月 15 日	1991 年 7 月 15 日	鄂伦春自治旗	全旗范围
1991 年 7 月 19 日	1991 年 7 月 19 日	莫力达瓦旗	全旗范围
1992 年 7 月 1 日	1992 年 7 月 1 日	扎兰屯市	全市范围
1992 年 7 月 22 日	1992 年 7 月 22 日	莫力达瓦旗	全旗范围
1993 年 7 月 8 日	1993 年 7 月 8 日	鄂伦春自治旗	全旗范围
1993 年 7 月 9 日	1993 年 7 月 9 日	扎兰屯市	全市范围
1993 年 7 月 11 日	1993 年 7 月 14 日	莫力达瓦旗	全旗范围
1994 年 7 月 5 日	1994 年 7 月 5 日	扎兰屯市	全市范围
1994 年 7 月 28 日	1994 年 7 月 28 日	莫力达瓦旗	全旗范围
1995 年 6 月 20 日	1995 年 6 月 20 日	满洲里	全市范围
1995 年 7 月 28 日	1995 年 7 月 28 日	鄂伦春自治旗	全旗范围
1995 年 9 月 23 日	1995 年 9 月 23 日	扎兰屯市	全市范围
1995 年 9 月 24 日	1995 年 9 月 24 日	莫力达瓦旗	全旗范围
1996 年 7 月 21 日	1996 年 7 月 21 日	陈巴尔虎旗	全旗范围
1996 年 7 月 29 日	1996 年 7 月 29 日	扎兰屯市	全市范围
1996 年 8 月 7 日	1996 年 8 月 7 日	满洲里	全市范围
		莫力达瓦旗	全旗范围
1997 年 8 月 3 日	1997 年 8 月 3 日	鄂伦春自治旗	全旗范围
1997 年 8 月 7 日	1997 年 8 月 12 日	扎兰屯市	全市范围
		莫力达瓦旗	全旗范围
		牙克石市	全市范围
1997 年 8 月 8 日	1997 年 8 月 8 日	陈巴尔虎旗	全旗范围
	1997 年 8 月 11 日	莫力达瓦旗	全旗范围
1997 年 8 月 9 日	1997 年 8 月 12 日	扎兰屯市	全市范围
1997 年 8 月 10 日	1997 年 8 月 10 日	牙克石市	全市范围
1998 年 7 月 7 日	1998 年 7 月 7 日	扎兰屯市	全市范围
1998 年 7 月 17 日	1998 年 7 月 17 日	满洲里市	全市范围
1998 年 7 月 26 日	1998 年 8 月 15 日	莫力达瓦旗	全旗范围
1998 年 7 月 27 日	1998 年 8 月 11 日	阿荣旗	全旗范围
1998 年 7 月 27 日	1998 年 7 月 27 日	陈巴尔虎旗	全旗范围
1998 年 7 月 28 日	1998 年 7 月 28 日	牙克石市	全市范围
1998 年 7 月 29 日	1998 年 7 月 29 日	鄂伦春旗	全旗范围

续表

开始日期	结束日期	受灾旗（市、区）	受灾镇（乡、苏木）
1999 年 7 月 19 日	1999 年 7 月 19 日	陈巴尔虎旗	全旗范围
1999 年 8 月 29 日	1999 年 8 月 29 日	牙克石市	全市范围
2000 年 7 月 19 日	2000 年 7 月 19 日	牙克石市	全市范围
2000 年 8 月 15 日	2000 年 8 月 19 日	鄂温克旗	全旗范围
2001 年 7 月 25 日	2001 年 7 月 30 日	莫力达瓦旗	全旗范围
2001 年 8 月 3 日	2001 年 8 月 10 日	鄂温克族自治旗	全旗范围
2002 年 7 月 13 日	2002 年 7 月 13 日	扎兰屯市	全市范围
2003 年 6 月 27 日	2003 年 6 月 27 日	鄂伦春自治旗	全旗范围
2003 年 7 月 4 日	2003 年 7 月 4 日	扎兰屯市	全市范围
2003 年 7 月 27 日	2003 年 8 月 2 日	莫力达瓦旗	全旗范围
2004 年 3 月 23 日	2004 年 4 月 2 日	额尔古纳市	莫尔道嘎镇、三河乡、黑山头镇
2004 年 7 月 22 日	2004 年 7 月 25 日	鄂温克旗	全旗范围
2004 年 8 月 3 日	2004 年 8 月 3 日	牙克石市	全市范围
2005 年 6 月 14 日	2005 年 6 月 14 日	莫力达瓦旗	全旗范围
2005 年 7 月 8 日	2005 年 7 月 8 日	陈巴尔虎旗	全旗范围
		牙克石市	全市范围
2005 年 7 月 18 日	2005 年 7 月 18 日	额尔古纳市	三河乡、黑山头镇、苏沁管委会、室韦乡、拉布大林街道、恩和乡
2005 年 7 月 28 日	2005 年 7 月 30 日	鄂温克族自治旗	全旗范围
2006 年 4 月 19 日	2006 年 4 月 19 日	根河	满归镇
2006 年 6 月 7 日	2006 年 6 月 8 日	根河	西乌气亚河
2006 年 6 月 12 日	2006 年 6 月 12 日	牙克石市	全市范围
2006 年 6 月 19 日	2006 年 6 月 19 日	新巴尔虎右旗	克尔伦苏木
2006 年 6 月 20 日	2006 年 6 月 20 日	牙克石市	全市范围
2006 年 7 月 7 日	2006 年 7 月 8 日	新巴尔虎右旗	大来东苏木
2006 年 7 月 9 日	2006 年 7 月 10 日	新巴尔虎左旗	锡林贝尔苏木
2006 年 7 月 19 日	2006 年 7 月 19 日	阿荣旗	亚东镇
2006 年 7 月 21 日	2006 年 7 月 21 日	鄂伦春	大杨树镇
2006 年 7 月 30 日	2006 年 7 月 30 日	新巴尔虎右旗	额尔敦乌拉苏木
2006 年 8 月 6 日	2006 年 8 月 6 日	鄂伦春	诺敏镇
		新巴尔虎右旗	呼伦镇
2007 年 7 月 5 日	2007 年 7 月 5 日	阿荣旗	查巴奇乡、霍尔奇镇、亚东镇
2008 年 6 月 20 日	2008 年 6 月 20 日	莫力达瓦旗	奎勒河
2008 年 6 月 23 日	2008 年 6 月 23 日	扎兰屯市	洼堤镇
2008 年 6 月 28 日	2008 年 6 月 29 日	阿荣旗	霍尔奇镇
2008 年 6 月 30 日	2008 年 6 月 30 日	阿荣旗	得力其尔乡

续表

开始日期	结束日期	受灾旗（市、区）	受灾镇（乡、苏木）
2008 年 7 月 2 日	2008 年 7 月 2 日	莫力达瓦旗	全旗范围
		新巴尔虎右旗	全旗范围
		扎兰屯市	全市范围
2008 年 7 月 3 日	2008 年 7 月 3 日	阿荣旗	全旗范围
2008 年 7 月 5 日	2008 年 7 月 5 日	莫力达瓦旗	全旗范围
2008 年 7 月 8 日	2008 年 7 月 8 日	阿荣旗	全旗范围
		莫力达瓦旗	西瓦尔图镇、阿尔拉镇、尼尔基镇
2008 年 7 月 13 日	2008 年 7 月 13 日	阿荣旗	全旗范围
2008 年 7 月 15 日	2008 年 7 月 15 日	莫力达瓦旗	全旗范围
2008 年 7 月 17 日	2008 年 7 月 17 日	莫力达瓦旗	全旗范围
2008 年 7 月 20 日	2008 年 7 月 20 日	鄂伦春旗	全旗范围
2008 年 7 月 26 日	2008 年 7 月 26 日	莫力达瓦旗	全旗范围
2009 年 6 月 15 日	2009 年 6 月 15 日	阿荣旗	六合镇
		莫力达瓦旗	塔温敖宝镇
2009 年 6 月 17 日	2009 年 6 月 17 日	莫力达瓦旗	阿尔拉镇、坤密尔堤办事处
2009 年 6 月 18 日	2009 年 6 月 18 日	阿荣旗	全旗范围
		莫力达瓦旗	巴彦乡
2009 年 6 月 19 日	2009 年 6 月 19 日	莫力达瓦旗	坤密尔堤办事处
2009 年 6 月 24 日	2009 年 6 月 24 日	阿荣旗	亚东镇、六合镇
2009 年 6 月 27 日	2009 年 6 月 30 日	扎兰屯市	卧牛河镇、成吉思汗镇、关门山乡、色吉拉乎办事处、浩饶山镇
2009 年 6 月 28 日	2009 年 6 月 28 日	莫力达瓦旗	宝山镇
		阿荣旗	亚东镇、查巴奇乡、六和镇、得力其尔乡、那吉镇
2009 年 7 月 5 日	2009 年 7 月 7 日	莫力达瓦旗	奎勒河、卧罗河
2009 年 7 月 6 日	2009 年 7 月 6 日	鄂伦春旗	乌鲁布铁镇、大杨树镇、古里乡、宜里办事处
2009 年 7 月 12 日	2009 年 7 月 12 日	鄂伦春旗	阿里河镇
	2009 年 7 月 13 日	新巴尔虎右旗	全旗范围
2009 年 7 月 13 日	2009 年 7 月 13 日	莫力达瓦旗	红彦乡
2009 年 7 月 25 日	2009 年 7 月 25 日	莫力达瓦旗	腾克镇
2009 年 8 月 19 日	2009 年 8 月 20 日	莫力达瓦旗	西瓦尔图镇
2010 年 6 月 13 日	2010 年 6 月 13 日	阿荣旗	霍尔奇镇、红花梁子镇、音河乡
2010 年 6 月 15 日	2010 年 6 月 15 日	阿荣旗	六合镇
2010 年 7 月 1 日	2010 年 7 月 1 日	阿荣旗	亚东镇
2010 年 7 月 15 日	2010 年 7 月 17 日	鄂伦春旗	古里乡
2010 年 7 月 15 日	2010 年 7 月 15 日	扎兰屯市	蘑菇气镇、中和办事处

续表

开始日期	结束日期	受灾旗(市、区)	受灾镇(乡、苏木)
2010 年 7 月 17 日	2010 年 7 月 18 日	阿荣旗	亚东镇
2010 年 7 月 20 日	2010 年 7 月 20 日	莫力达瓦旗	坤密尔堤
2010 年 8 月 9 日	2010 年 8 月 9 日	阿荣旗	六合镇、查巴奇乡
		莫力达瓦旗	西瓦尔图镇、宝山镇、腾克镇
2010 年 8 月 13 日	2010 年 8 月 13 日	新巴尔虎左旗	新宝力格苏木
2010 年 8 月 14 日	2010 年 8 月 14 日	鄂伦春	大杨树镇
2010 年 8 月 18 日	2010 年 8 月 18 日	莫力达瓦旗	坤密尔堤北林泉村
2010 年 8 月 22 日	2010 年 8 月 22 日	莫力达瓦旗	坤密尔堤
2011 年 5 月 28 日	2011 年 6 月 3 日	鄂伦春旗	宜里办事处
2011 年 5 月 30 日	2011 年 5 月 30 日	阿荣旗	全旗范围
		莫力达瓦旗	登特科镇
2011 年 5 月 31 日	2011 年 5 月 31 日	莫力达瓦旗	尼尔基镇、坤密尔堤办事处
2011 年 6 月 2 日	2011 年 6 月 2 日	阿荣旗	霍尔奇镇、三岔河镇、查巴奇乡、得力其尔乡
		莫力达瓦旗	坤密尔堤办事处、塔温敖宝镇、西瓦尔图镇、宝山镇、腾克镇、红彦镇
	2011 年 6 月 3 日	莫力达瓦旗	卧罗河办事处、库如奇乡
2011 年 6 月 7 日	2011 年 6 月 8 日	鄂伦春旗	鲁布铁镇、宜里镇、大杨树镇、古里乡、克一河镇
	2011 年 6 月 7 日	扎兰屯	浩饶山镇
2011 年 7 月 6 日	2011 年 7 月 6 日	阿荣旗	复兴镇、霍尔奇镇、霍尔奇镇
2011 年 7 月 17 日	2011 年 7 月 17 日	扎兰屯市	鄂伦春乡
2011 年 7 月 24 日	2011 年 7 月 26 日	陈巴尔虎旗	全旗范围
	2011 年 7 月 28 日	鄂温克旗	全旗范围
	2011 年 7 月 27 日	新巴尔虎左旗	全旗范围
2011 年 7 月 26 日	2011 年 7 月 26 日	阿荣旗	三岔河镇、六合镇、霍尔奇镇、亚东镇、查巴奇乡
	2011 年 7 月 27 日	扎兰屯市	市区、大河湾镇、卧牛河镇、鄂伦春乡、成吉思汗镇
2011 年 7 月 29 日	2011 年 8 月 1 日	鄂伦春	宜里镇
2011 年 8 月 3 日	2011 年 8 月 3 日	新巴尔虎右旗	贝尔苏木
2012 年 6 月 8 日	2012 年 6 月 10 日	鄂伦春自治旗	克一河镇
2012 年 6 月 10 日	2012 年 6 月 11 日	扎兰屯市	蘑菇气镇
2012 年 6 月 25 日	2012 年 6 月 25 日	阿荣旗	霍尔奇镇、三岔河镇、复兴镇、向阳峪镇
2012 年 6 月 28 日	2012 年 7 月 1 日	鄂伦春自治旗	宜里镇、大杨树镇、乌鲁布铁镇、甘河镇、诺敏镇

续表

开始日期	结束日期	受灾旗（市、区）	受灾镇（乡、苏木）
2012 年 7 月 1 日	2012 年 7 月 1 日	莫力达瓦旗	阿尔拉镇、塔温敖宝镇
2012 年 7 月 8 日	2012 年 7 月 8 日	扎兰屯市	浩饶山镇
2012 年 7 月 11 日	2012 年 7 月 11 日	扎兰屯市	柴河镇、成吉思汗镇、卧牛河镇、洼堤乡
2012 年 7 月 14 日	2012 年 7 月 14 日	新巴尔虎右旗	呼伦镇
2012 年 7 月 21 日	2012 年 7 月 21 日	扎兰屯市	市区、河西办事处、蘑菇气镇、大河湾镇、卧牛河镇
2012 年 7 月 26 日	2012 年 7 月 26 日	阿荣旗	向阳峪镇
2013 年 4 月 29 日	2013 年 4 月 29 日	鄂温克旗	巴彦嵯岗苏木、锡尼河东苏木、伊敏苏木、红花尔基镇
2013 年 5 月 7 日	2013 年 5 月 10 日	鄂温克旗	红花尔基镇、伊敏河镇、伊敏苏木
2013 年 5 月 26 日	2013 年 5 月 26 日	根河市	市区、阿龙山镇、金河镇、敖鲁古雅乡、满归镇、金河镇、得耳布尔镇
2013 年 5 月 27 日	2013 年 5 月 28 日	鄂伦春旗	乌鲁布铁镇、古里乡
2013 年 6 月 7 日	2013 年 6 月 7 日	扎兰屯	成吉思汗镇
2013 年 6 月 27 日	2013 年 6 月 28 日	扎兰屯	哈拉苏办事处、大河湾镇、卧牛河镇
2013 年 6 月 28 日	2013 年 6 月 28 日	阿荣旗	复兴镇、向阳峪镇
2013 年 6 月 30 日	2013 年 7 月 1 日	阿荣旗	亚东镇
2013 年 7 月 1 日	2013 年 7 月 1 日	阿荣旗	六合镇
	2013 年 7 月 8 日	鄂伦春旗	大杨树镇、诺敏镇、宜里镇
2013 年 7 月 3 日	2013 年 7 月 4 日	阿荣旗	查巴奇乡
2013 年 7 月 14 日	2013 年 7 月 16 日	新巴尔虎右旗	阿拉坦额莫勒镇
2013 年 7 月 15 日	2013 年 7 月 16 日	阿荣旗	复兴镇、六合镇、亚东镇、霍尔奇、新发乡、三岔河镇
	2013 年 7 月 16 日	鄂伦春旗	诺敏镇、阿里河镇、大杨树镇、乌鲁布铁镇
	2013 年 7 月 17 日	莫力达瓦旗	坤密尔堤办事处、腾克镇
2013 年 7 月 22 日	2013 年 7 月 24 日	牙克石	乌尔其汉镇、图里河镇、乌奴耳镇、永兴街道办事处、东兴街道办事处
2013 年 7 月 23 日		莫力达瓦旗	坤密尔堤办事处,腾克镇、西瓦尔图镇
		扎兰屯市	大河湾镇、浩饶山镇、成吉思汗镇
2013 年 7 月 26 日	2013 年 7 月 28 日	额尔古纳市	拉布大林街道办事处、上库力街道办事处、三河乡、莫日道嘎镇
		鄂伦春自治旗	阿里河镇、大杨树镇、甘河镇、克一河镇、宜里镇、诺敏镇、托扎敏乡
2013 年 7 月 27 日	2013 年 7 月 28 日	陈巴尔虎旗	全旗范围
		根河市	好里堡办事处、敖鲁古雅乡、森工路办事处、河西办事处、河东办事处
		海拉尔区	全区范围

46

续表

开始日期	结束日期	受灾旗(市、区)	受灾镇(乡、苏木)
2013 年 7 月 27 日	2013 年 7 月 28 日	牙克石	市区、图里河镇、博克图镇、库都尔镇、乌尔其汗镇、东兴街道办事处、伊图里河镇
	2013 年 7 月 30 日	莫力达瓦旗	尼尔基镇、宝山镇、腾克镇、西瓦尔图镇、奎勒河办事处、汉古尔河镇、登特科镇、额尔河镇、阿尔拉镇
2013 年 7 月 28 日	2013 年 8 月 1 日	阿荣旗	六合镇、三岔河镇、亚东镇
	2013 年 7 月 28 日	扎兰屯市	鄂伦春、蘑菇气镇、卧牛河镇
2013 年 8 月 1 日	2013 年 8 月 4 日	鄂伦春自治旗	阿里河镇、大杨树镇、甘河镇、克一河镇、宜里镇、诺敏镇、乌鲁布铁镇、吉文镇
	2013 年 8 月 27 日	满洲里市	全市范围
2013 年 8 月 6 日	2013 年 8 月 9 日	鄂伦春旗	阿里河镇、大杨树镇、宜里镇、诺敏镇、古里乡、吉文镇、乌鲁布铁镇、甘河镇
2013 年 8 月 7 日	2013 年 8 月 12 日	阿荣旗	三岔河镇、霍尔奇镇、查巴奇、复兴镇、音河乡
2013 年 8 月 8 日	2013 年 8 月 9 日	新巴尔虎左旗	嵯岗镇
2013 年 8 月 12 日	2013 年 8 月 12 日	莫力达瓦旗	尼尔基镇、宝山镇、红彦镇、西瓦尔图镇、奎勒河办事处、汉古尔河镇、哈达阳镇、额尔河镇、卧罗河镇
		扎兰屯市	雅尔根楚乡、成吉思汗镇、蘑菇气镇
2014 年 6 月 8 日	2014 年 6 月 8 日	阿荣旗	那吉镇、音河乡、复兴镇、向阳峪镇、查巴奇乡
2014 年 6 月 25 日	2014 年 6 月 26 日	扎兰屯市	大河湾镇
2014 年 7 月 6 日	2014 年 7 月 7 日	鄂伦春自治旗	宜里镇
2014 年 7 月 7 日	2014 年 7 月 10 日	阿荣旗	亚东镇、得力其尔乡、复兴镇、那吉镇、新发乡
	2014 年 7 月 9 日	满洲里市	全市范围
	2014 年 7 月 10 日	新巴尔虎左旗	嵯岗镇
2014 年 7 月 12 日	2014 年 7 月 13 日	鄂伦春旗	诺敏镇、古里乡
2014 年 7 月 19 日	2014 年 7 月 19 日	莫力达瓦旗	全旗范围
2014 年 8 月 24 日	2014 年 8 月 27 日	鄂伦春旗	阿里河镇、托扎敏镇、宜里镇、甘河镇、吉文镇、大杨树镇、克一河镇、诺敏镇
2014 年 9 月 1 日	2014 年 9 月 1 日	鄂伦春旗	宜里镇、乌鲁布铁镇、大杨树镇
2014 年 9 月 3 日	2014 年 9 月 4 日	莫力达瓦旗	尼尔基镇、宝山镇、阿尔拉镇、汉古尔河镇、巴彦乡、坤密尔堤乡、额尔和乡、杜拉尔乡

开始日期	结束日期	受灾旗(市、区)	受灾镇(乡、苏木)
2015 年 6 月 8 日	2015 年 6 月 8 日	阿荣旗	六合镇
2015 年 6 月 9 日	2015 年 6 月 12 日	扎兰屯市	柴河镇
2015 年 6 月 18 日	2015 年 6 月 18 日	扎兰屯市	中和镇、鄂伦春乡、高台子办事处、铁东办事处、河西办事处、大河湾镇
2015 年 7 月 22 日	2015 年 7 月 28 日	莫力达瓦旗	尼尔基镇、阿尔拉镇、腾克镇、塔温敖宝镇、额尔和乡
2015 年 8 月 2 日	2015 年 8 月 2 日	莫力达瓦旗	尼尔基镇、坤密尔堤乡、宝山镇、阿尔拉镇、登特科镇、巴彦鄂温克民族乡、塔温敖宝镇、库如奇乡
	2015 年 8 月 8 日	扎兰屯市	成吉思汗镇、大河湾镇
2015 年 8 月 14 日	2015 年 8 月 15 日	扎兰屯市	高台子办事处、向阳办事处、铁东办事处、繁荣办事处、成吉思汗镇、大河湾镇
2015 年 8 月 20 日	2015 年 8 月 20 日	莫力达瓦旗	尼尔基镇、宝山镇、阿尔拉镇、哈达阳镇

4.3.2 暴雨灾害主要影响

1951—2015 年 65 年中,呼伦贝尔市共发生 171 次致灾暴雨天气过程。这些暴雨灾害在一定程度上对呼伦贝尔市农业、牧业及人民生产生活等方面造成影响,灾害共计造成直接经济损失达 1 083 066.79 万元(表 4.2)。

4.3.2.1 农业影响

呼伦贝尔市灾害性暴雨天气对农业影响主要是造成农作物不同程度受灾,严重时使得农作物绝收。统计 1951—2015 年 65 年暴雨天气灾情发现,灾害性暴雨天气共造成农作物受灾面积 294.7 万公顷,农作物成灾面积 197.2 万公顷,农作物绝收面积 3119.6 万公顷,共造成农业经济损失 363 151.29 万元。

4.3.2.2 牧业影响

呼伦贝尔市 209 次灾害性暴雨天气中有 25 次对牧业产生影响,致使大牲畜死亡 8.91 万头。影响最大的是 1998 年 7 月 27 日—8 月 11 日发生在阿荣旗的暴雨洪涝,致使 2.7 万头大牲畜死亡。

4.3.2.3 社会影响

65 年来,呼伦贝尔地区灾害性暴雨天气共造成 406.8 万人口受灾,2.09 万人受伤,207 人死亡,被困人口 7.1 万,转移安置人口 11.2 万;造成 27.8 万间房屋损坏,13.9 万间房屋倒塌;对道路桥梁也产生一定的影响,共造成损失 686 305.31 万元。

表 4.2　各旗（市、区）暴雨灾害损失表

地区	日期	作物受灾面积	作物成灾面积	作物绝收面积	受灾	死亡	受伤	被困	转移安置	损坏	倒塌	道路桥梁（座）	其他损失	死亡大型牲畜（头）	农业经济损失	直接经济损失（万元）
		农业影响（公顷）			人口（人）					房屋（间）		其他		牧业影响	经济损失	
新巴尔虎右旗	1998年7月				1902					2190	1563					487
	2006年6月19日				26									290		
	2006年7月7—8日				217						43					140
	2006年8月6日				32	1				7						28
	2006年7月30日				400											
	2008年7月2日	115								110						60
	2009年7月12—13日									67	23					223
	2011年8月3日										11					33
	2012年7月14日															
	2013年7月14—16日	533	533	533	1612	3				276	15					52
新巴尔虎左旗	2006年7月9—10日									98	21					440.34
	2010年8月13日				24					3	1					100
	2011年7月24—27日				691					114	35			150		260
	2013年8月8—9日				1195				912	606	186				4000	6424
	2014年7月7—10日									84	39					400
满洲里市	1987年6月19日									260						327
	1995年6月20日	20		18						526		450		146		500
	1996年8月7日									85	15					70

续表

地区	日期	农业影响（公顷）			社会影响									牧业影响	经济损失（万元）	
					人口（人）					房屋（间）		其他				
		作物受灾面积	作物成灾面积	作物绝收面积	受灾	死亡	受伤	被困	转移安置	损坏	倒塌	道路桥梁（座）	其他损失	死亡大型牲畜（头）	农业经济损失	直接经济损失
满洲里市	1998年7月17日	73			316					872	588					
	2013年8月															6146
	2014年7月7—9日				955				93	337	2					223
陈巴尔虎旗	1996年7月21日				300			150	150	20	6					20
	1997年8月		605	285	2000			900	900	30	15					30
	1998年7月27日	605			2500			400	400	150	25					80
	1999年7月19日				340			280	280	80	120					80
	2005年7月8日				170		8			156	120					9.5
	2013年8月	17942			663					146	12			18	1208	2836
	2011年7月24—28日				1400					1440	23					75
	2013年5月7—10日				3813	1			4472	3813	18					25315
	2013年4月29日				504				150	399						154
鄂温克族自治旗	1984年4月14—15日				1467					288	77					30.9
	2000年8月15—19日				300	7				300	120					70
	2001年8月3—10日				173000		2			126	48					95
	2004年7月22—25日				500	2				400	200					121
	2005年7月28—30日				2300					30	18					76.3
海拉尔区	2013年7月27—28日	10210		162	9044				941	461	185				3192.8	4360.55

续表

| 地区 | 日期 | 农业影响（公顷） | | | 社会影响 | | | | | | | 其他 | | 牧业影响 | 经济损失（万元） | |
| | | 作物受灾面积 | 作物成灾面积 | 作物绝收面积 | 人口（人） | | | | | 房屋（间） | | | | | | |
					受灾	死亡	受伤	被困	转移安置	损坏	倒塌	道路桥涵（座）	其他损失	死亡大型牲畜（头）	农业经济损失	直接经济损失
牙克石市	2013年7月22—24日				710				380							130
	2013年7月27—28日	24012	20010	8544	20800				13500		100			350	14813	25455
	1997年8月10日	11987	8904	5603	38282	3	28		3482	7909	502					3175
	1998年7月28日	70160	52182	19670	30307				5716	6371	4950			760	16179	26264
	1999年8月29日	2546	1580							784	54				734	1058.6
	2000年7月19日	2546	3152	509	14300					489					587	669
	2004年8月3日	4930		10	12400						126				300	420
	2005年7月8日	1600														
	2006年6月12日							213		67						30
	2006年6月20日				3982				519	35	27					
额尔古纳市	1984年8月8—13日				1046											
	1988年8月5—9日	19000			3699	2	1			1233						633
	2005年7月18日	41506	25613	20393	32					97	1	50		3	3493.8	3629.6
	2013年7月26—28日	43585	34150	4877	12728				5654	5202	267			127	26372.9	49831.71
根河市	2006年4月19日				126				242							6
	2006年6月7—8日								553							140
	2013年6月26日				2540											800
	2013年7月27—28日	482								16800	7200					27409

续表

地区	日期	农业影响（公顷）			社会影响									牧业影响	经济损失（万元）	
		作物受灾面积	作物成灾面积	作物绝收面积	人口（人）					房屋（间）		其他		死亡大型牲畜（头）	农业经济损失	直接经济损失
					受灾	死亡	受伤	被困	转移安置	损坏	倒塌	道路桥梁（座）	其他损失			
鄂伦春自治旗	2010年8月14日	226		226	1919				500	575	3					101.6
	2011年7月30日				466					192	3					14
	2006年7月21日									1500						500
	2006年8月6日									45	12					58.5
	1988年8月6—8日			5		43					43000	350				34000
	2008年7月20日	4760	4760	2760	3269					2100	3					929.4
	2009年7月6日	60200	60200		34000					407	33					21690
	2010年7月15—17日	4933			165											48
	2011年6月3日	39033	10152		9850					160						2800
	2011年6月7—8日	5440			3507											13184
	2013年5月27—28日	2168	34		1225					71						412.33
	2013年7月1—8日	5618	4913	195	6955										587.2	589.2
	2013年7月15—16日	15567	15473	6013	11041										2513.3	2573.3
	2013年8月6—9日	3064	3060	1233	406					3326	58			12	12020.58	12758.92
	2014年7月12—13日	12550	9986	2447	5719											1276.9
	2014年8月24—27日	10518	4358	2653	3489					215	4				4324.2	7159.7
	2014年9月1日	127									2				3445.4	3483.4
	2009年7月12日				3850					600						128.5

续表

地区	日期	农业影响（公顷）			社会影响									牧业影响	经济损失（万元）	
		作物受灾面积	作物成灾面积	作物绝收面积	人口（人）					房屋（间）		其他		死亡大型牲畜（头）	农业经济损失	直接经济损失
					受灾	死亡	受伤	被困	转移安置	损坏	倒塌	道路桥梁（座）	其他损失			
鄂伦春自治旗	1988 年 8 月 7 日	3600	3560	2267	39000										450	560
	1989 年 6 月 24 日	2531	2531	1797	23000										379	487
	1991 年 7 月 15 日	20800	16667	16667	36000										24000	72000
	1993 年 7 月 8 日	500	384	384											68	120
	1995 年 7 月 28 日	10	10	10	1000										9.3	9.3
	1997 年 8 月 3 日	3666	2056	93	5000											
	1998 年 7 月 29 日	63293	57000	34293						8254	1369				17905.5	25698.3
	2003 年 6 月 27 日	31433	31433	31433	31600										1414.6	18887.6
	2012 年 6 月 8—10 日	23			3009					1332						433.7
	2012 年 6 月 28 日	4251		1534	5777											1603.56
	2013 年 8 月 1—4 日	12175		6691	8136					90				16	5711.89	6686.19
	2014 年 7 月 6—7 日	265	218	218	194											181
	2013 年 7 月 26—28 日	6515		1382	3712					3					2773.56	2846.26
扎兰屯市	1968 年 8 月 17 日	44000														
	1988 年 7 月 22 日	102333	93333	20000	240000										4641	
	1992 年 7 月 1 日	71066	55933	14467	220000					9840	3307					5170
	1993 年 7 月 9 日	120000	100000	12000												
	1994 年 7 月 5 日				257000					8240	161			107		7800

续表

地区	日期	农业影响（公顷） 作物受灾面积	作物成灾面积	作物绝收面积	社会影响 人口（人） 受灾	死亡	受伤	被困	转移安置	房屋（间） 损坏	倒塌	其他 道路桥梁（座）	其他损失	牧业影响 死亡大型牲畜（头）	经济损失（万元） 农业经济损失	直接经济损失
	1995 年 9 月 23 日	116000	98667	7933	245000											
	1996 年 7 月 29 日	6053	4580	2015												
	1997 年 8 月 9—12 日	173333	140000	55000												
	1998 年 7 月 7 日	173333	153333	104000	386000			69000	69000	76200	67250				66342	149220
	2002 年 7 月 13 日	13200	12000	5333	22000					760	138				2700	2781
	2003 年 7 月 4 日	160000	143333	100000	239000					4599	384				5550	11400
	2010 年 7 月 15 日	130			327											
	2010 年 7 月 15 日	147	147	147	27				27	194	15				47	67
	2011 年 7 月 15 日			5987	4000											2244
	2012 年 7 月 21 日	5367		347	9012					387	3					190
	2013 年 6 月 7 日	440		334	700											132
	2008 年 6 月 27—28 日	1672			1982						6					
	2008 年 6 月 23 日	1027	893	133	1400											150
	2008 年 7 月 2 日	533		47	950											50
扎兰屯市	2009 年 6 月 27—30 日	42074		25780	97774	1			1039	5546	637			198		23518
	2011 年 7 月 17 日	10								192					3	48
	2011 年 7 月 26—27 日	13914		2428	54846				528	1072	80					5169.4
	2012 年 6 月 10—11 日	1530		656	1470	1									169	289

续表

地区	日期	农业影响（公顷）			社会影响									牧业影响	经济损失（万元）	
					人口（人）				转移安置	房屋（间）		其他				
		作物受灾面积	作物成灾面积	作物绝收面积	受灾	死亡	受伤	被困		损坏	倒塌	道路桥梁（座）	其他损失	死亡大型牲畜（头）	农业经济损失	直接经济损失
扎兰屯市	2012年7月8日	833		177	1320					144					50	56
	2012年7月11日	1500		634	3673					339						368.7
	2013年7月23—24日	5303			8208				30							1608.8
	2013年7月28日	4189		1345	8958						6					1160.9
	2013年8月12日	2865			4790						4					616.3
	2014年6月25—26日	294			373										66.1	66.1
	2015年6月9—12日	2698			3556					219						
	2015年6月18日	5373			18618					63	8					
	2015年8月2—8日	3212			7075					56					963.6	980.4
	2015年8月14—15日	2328	1538	373	11189				700	1183	71				788.2	12821.8
	1998年8月	160080		103385	313900	14				25534	13338			27100	54800	90000
阿荣旗	2006年7月19日	351		227	530											110
	2007年7月5日	8564		3689	8053	1				165	59				1539	1700
	2008年6月28—29日	196		28	248										79	83.4
	2008年6月30日	4473		3493	2880										2620	2815
	2008年7月3日	533	533.3	400	5240										350	350
	2008年7月8日	480		227	610						6				135.6	138.6
	2008年7月13日	831		439	1248					111	7				443	505

续表

地区	日期	农业影响（公顷）			社会影响									牧业影响	经济损失（万元）	
		作物受灾面积	作物成灾面积	作物绝收面积	人口（人）					房屋（间）		其他		死亡大型牲畜（头）	农业经济损失	直接经济损失
					受灾	死亡	受伤	被困	转移安置	损坏	倒塌	道路桥梁（座）	其他损失			
阿荣旗	2009 年 6 月 15 日	534		334	5024										350	350
	2009 年 6 月 18 日	10732		1567	27326				112		80				1941.5	2345
	2009 年 6 月 24 日	4493	3046	1972	9735				13	48	28				2220	2277
	2009 年 7 月 28 日	91246	91246	53780	155439	1				10849	809					43175.5
	2010 年 6 月 13 日	1168	368	824	839					46					1062	1142
	2010 年 6 月 15 日	1400		400	2100										780	780
	2010 年 7 月 1 日	509	509	332	1486					7	2				257	275.5
	2010 年 7 月 17—18 日	430	430	180	1500					11	9				70	83
	2010 年 8 月 9 日	4607	4607	4607	5693					58	10				2519	3120
	2011 年 5 月 30 日	4533	4000		8120										126	132
	2011 年 6 月 2 日	8966		260	16000				392	35	27				1691	1896
	2011 年 7 月 6 日	1600	1600	327	2182										780	
	2011 年 7 月 26 日	26500	7827		37906					968	109				1352	7278.18
	2012 年 6 月 25 日	5670	5670	2610	12655					176					350	2209
	2012 年 7 月 26 日	400		188	656											350
	2013 年 6 月 28 日	553		177	1995						5				404	414
	2013 年 6 月 30 日	2700		1347	4167					21	33				1175	1230
	2013 年 7 月 1 日	14000	13000	5000	15300					11	69				6300	6500

续表

地区	日期	农业影响（公顷）			社会影响									牧业影响	经济损失（万元）	
		作物受灾面积	作物成灾面积	作物绝收面积	人口（人）					房屋（间）		其他		死亡大型牲畜（头）	农业经济损失	直接经济损失
					受灾	死亡	受伤	被困	转移安置	损坏	倒塌	道路桥梁（座）	其他损失			
阿荣旗	2013 年 7 月 3—4 日	1703	533	533	8300										210	293
	2013 年 7 月 15—16 日	4805	4805	1258	13109					82	101				1834	2590
	2013 年 7 月 28 日	2056	1494	957	3391					51	50				694.3	1213.3
	2014 年 6 月 8 日	10248	8455		11330				88	12					3106	3516
	2014 年 7 月 7—10 日	5248	3736	1507	9416					23					2260	4006
	2015 年 6 月 8 日	400	212.6	213	1525						9					418
	2013 年 8 月 7—12 日	9950	6109	2942	13315				161	3	30				4083.4	4272.9
莫力达瓦达斡尔族自治旗	2011 年 5 月 31 日	210		430	150											89
	2012 年 7 月 1 日	2000													388.7	394.3
	2013 年 7 月 15—17 日	5672		2552	3193				233		33					2867
	2013 年 7 月 23—24 日	15000		800	604											585
	2014 年 7 月 19 日	608	455	455	1207				133	234	64				364	742
	2013 年 8 月 12 日	5827			2128					128	203					231
	2008 年 6 月 20 日	5983		4480	4212					442						315.84
	2008 年 7 月 8 日	300	526	526												1313.4
	2009 年 6 月 15 日	2495			323											
	2009 年 6 月 17 日		667	1467						201	16					1559
	2009 年 6 月 18 日	50		17	18											9.75

续表

地区	日期	农业影响(公顷) 作物受灾面积	作物成灾面积	作物绝收面积	社会影响 人口(人) 受灾	死亡	受伤	被困	转移安置	房屋(间) 损坏	倒塌	其他 道路桥梁(座)	其他损失	牧业影响 死亡大型牲畜(头)	经济损失(万元) 农业经济损失	直接经济损失
	2009年6月19日	1034		812							29					278
	2009年6月28日	2473		705							18			3		1400
	2009年7月5~7日	840	840	840						111				140		500
	2009年7月13日	2350		588												127.7
	2009年7月25日	5782		2133	1763											1129.373
	2009年8月19~20日	8110	8110	1750	4080					148	32					4303
	2011年5月30日	455		216						18						1025.57
	2011年5月31日	3545		2120	237					197					1168	1675
	2011年6月2日	29290	20409	15254					650	402	477			1		14700.55
莫力达瓦达斡尔族自治旗	2015年7月22~28日	11313			9850										2545	2592
	2008年7月15日	217		216											58.464	58.464
	2008年7月26日	4407	2826		2934										1322	1322
	1952年8月	5330														
	1965年7月21日	5900														
	1984年8月25~26日	30172	24138	19136	23000					1478	1215			43	4708	4078
	1985年7月5~6日	30200	30200	20000	50000					1480	1215			43	1419	1419

续表

地区	日期	农业影响（公顷）			社会影响									牧业影响	经济损失（万元）	
		作物受灾面积	作物成灾面积	作物绝收面积	人口（人）					房屋（间）		其他		死亡大型牲畜（头）	农业经济损失	直接经济损失
					受灾	死亡	受伤	被困	转移安置	损坏	倒塌	道路桥梁（座）	其他损失			
莫力达瓦达斡尔族自治旗	1986 年 7 月 23 日	11200	11200	6467	54000					244	589			556	556	556
	1988 年 8 月 30 日	38419	35795	24963	56000	2				11478	10885			380	11255	11255
	1989 年 7 月 23 日	17583	17000	12000	55000					6216	3916				6801	6801
	1990 年 6 月 4 日	3819	3819	3500	6000					329	231				593	593
	1991 年 7 月 19 日	13580	6100	5200	10200					1445	283			86	1564	1564
	1992 年 7 月 22 日	7333	7333	6000	15000					1445	183					1200
	1993 年 7 月 11—14 日	12667	6001	5503	48000					469	173					66
	1994 年 7 月 28 日	30215	21000	19000	24000					1086	168					85
	1995 年 9 月 24 日	760	760	760	5000					446	917					103
	1996 年 8 月 7 日	8235	8205	6100	12000	2				49	11				564	564
	1997 年 8 月 8—11 日	15200	15200	6230	19000					1200	802				2812	2812
	1998 年 8 月	147700	139000	75700	200000					22966	10349					59592
	2001 年 7 月 25—30 日	159900	138800	46567	110000											25188
	2003 年 7 月 27 日	111970	111970	96636	75000	5				3633	569					36950
	2005 年 6 月 14 日	78133	29473	31733	76772					355	1622			6895	1056	40000
	2008 年 7 月 2 日	287					2									15

续表

地区	日期	农业影响（公顷）			社会影响									牧业影响	经济损失（万元）	
		作物受灾面积	作物成灾面积	作物绝收面积	人口（人）				转移安置	房屋（间）		其他		死亡大型牲畜（头）	农业经济损失	直接经济损失
					受灾	死亡	受伤	被困		损坏	倒塌	道路桥梁（座）	其他损失			
莫力达瓦达斡尔族自治旗	2008 年 7 月 5 日	5867		4000						500					1600	2020
	2008 年 7 月 8 日	3125		3125						9						1410.6
	2008 年 7 月 17 日	720		555	855										82	88
	2008 年 7 月 26 日	6590			5323					134	6			140	1977	2004.6
	2010 年 7 月 20 日	1433	1433	1433	2240											134
	2010 年 8 月 9 日	15026	15026	8375	5985						18					4385.8
	2010 年 8 月 22 日	1080	1080								18					165
	2013 年 7 月 27—30 日	15082		2130	5975					1993	116					1457.5
	2014 年 9 月 3—4 日	27440		9870	30410				48		36					7254
	2015 年 8 月 2 日	4059			5600					394	60				1723.4	2190.4
	2015 年 8 月 20 日	40		40	420					106	48				40	284

4.4　气候特征

4.4.1　暴雨次数空间分布

　　分析呼伦贝尔市 16 个台站 55 年来暴雨总次数、年平均次数空间分布图(图 4.1)发现,全市暴雨总次数及平均次数空间分布呈现出明显的大兴安岭东部多、西部少的特点。其中暴雨次数最多台站为扎兰屯,55 年内共发生 43 次,平均 0.8 次/年,其次为阿荣旗 39 次,小二沟、鄂伦春、莫旗都超过 30 次,最少的台站为鄂温克旗,仅为 4 次,平均 0.1 次/年,最少的台站次数仅占最多台站次数的 9.3%。

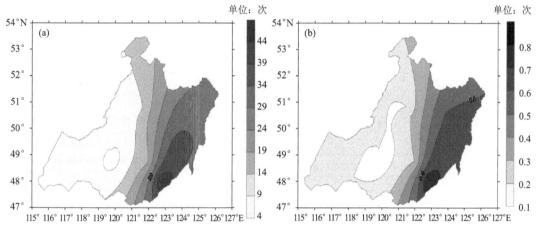

图 4.1　暴雨次数空间分布:(a)合计;(b)年平均

4.4.2　暴雨次数年际变化

　　呼伦贝尔市 55 年的暴雨(含大暴雨)次数的年际变化很明显(图 4.2)。最多的年份 1998 年为 21 次,是历年平均 5.8 次的 3.6 倍;次多年份为 2013 年,为 19 次;大多数年份的暴雨次数少于等于 4 次;1975 年无暴雨过程出现。

4.4.3　暴雨次数月际分布

　　呼伦贝尔市暴雨发生在每年的 5—9 月(图 4.3),集中在 6—8 月。7 月暴雨发生次数最多为 172 次,占总次数的 54.3%;8 月次之,为 90 次,占总次数的 28.4%;6 月暴雨次数为 44 次,占总次数的 13.9%;9 月和 5 月暴雨次数分别占总次数的 2.5% 和 0.9%。

　　各站月暴雨次数分布也不尽相同(图 4.4)。图里河、鄂伦春、小二沟、莫力达瓦旗、阿

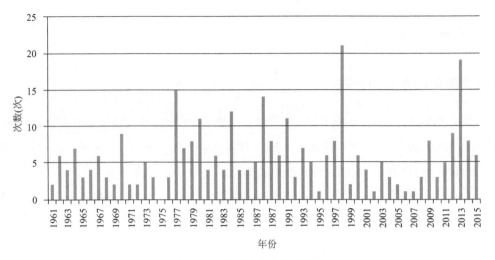

图 4.2 暴雨次数年际变化

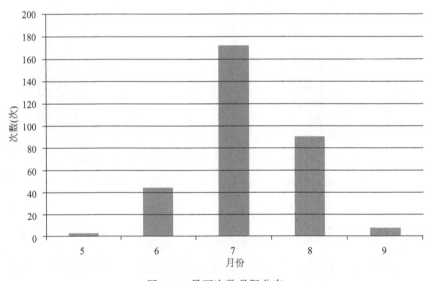

图 4.3 暴雨次数月际分布

荣旗、根河、额尔古纳 7 月暴雨次数最多,比例超过 60％。陈巴尔虎旗、牙克石、博克图的 7 月暴雨次数只占总次数的 17％～33％,反而 8 月暴雨次数所占比例为年内最多,比例超 过 40％。5 月暴雨只有 3 次,分别出现在牙克石、莫力达瓦旗和扎兰屯,9 月暴雨西中部 地区除了新巴尔虎左旗出现过 1 次外,其余 7 次分别出现在大兴安岭东部的鄂伦春、小二 沟、莫力达瓦旗、阿荣旗、扎兰屯。

总之,呼伦贝尔市地区暴雨集中发生在 7 月,以大兴安岭东部地区为最多;8 月暴雨主要 发生在中西部地区;9 月暴雨主要发生在大兴安岭东部地区,西部地区基本无暴雨发生。

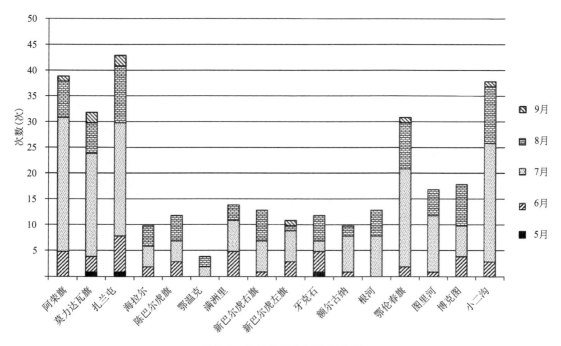

图 4.4　各站暴雨次数月际分布

4.4.4　各月暴雨次数的地理分布

呼伦贝尔市各地的暴雨次数分布具有明显的月际变化(见图 4.5a~e)。5 月,55 年来只有东南部的扎兰屯市、莫力达瓦旗以及岭西的牙克石市各出现 1 次暴雨。6 月全市 55 年来平均累计暴雨次数 2.75 次,其中东南部的扎兰屯市最多,累计 7 次,新巴尔虎右旗、额尔古纳市、图里河镇较少,各有 1 次,根河市、鄂温克旗 6 月无暴雨出现。7 月暴雨次数相对其他月份是全年最多的,全市平均累计暴雨次数 10.75 次。以大兴安岭为界,西部各站(含博克图)暴雨次数均小于均值,其中中部的海拉尔区、陈巴尔虎旗、牙克石市暴雨次数均小于 5 次,而东部各站(小二沟、鄂伦春、莫力达瓦旗、阿荣旗、扎兰屯)暴雨次数均远远高于均值,为 19~26 次,鄂伦春旗最少为 19 次,阿荣旗 26 次,扎兰屯 22 次,为均值的 2 倍余。8 月,全市 55 年来平均累计暴雨次数为 5.63 次,各站之间相差不大,仍然以大兴安岭为界,东部累计暴雨次数多于西部,其中扎兰屯市、小二沟镇为最多,均为 11 次,其次是鄂伦春旗、博克图镇,分别为 9 次、8 次,西部的新巴尔虎右旗比较特殊,累计 6 次,高于牧区的其他台站,最少为新巴尔虎左旗,累计仅 1 次。9 月,全市 55 年来平均累计暴雨次数为 0.5 次,同样以大兴安岭为界,东部的几个台站累计暴雨次数 1~2 次,莫力达瓦旗与扎兰屯为 2 次,西部仅新巴尔虎左旗出现 1 次暴雨。

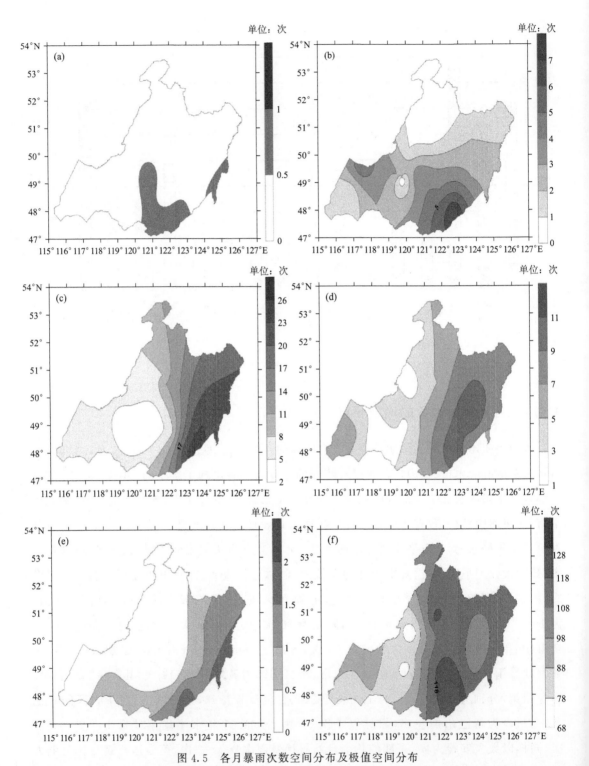

图 4.5　各月暴雨次数空间分布及极值空间分布

(a)5 月；(b)6 月；(c)7 月；(d)8 月；(e)9 月；(f)极值

4.4.5　日降雨量极值空间分布

呼伦贝尔市各地建站以来共有 8 个站出现日降雨量超过 100 mm 的大暴雨,绝大多数出现在大兴安岭东部地区,其中扎兰屯 4 次、莫力达瓦旗 3 次、博克图 2 次、阿荣旗 1 次、鄂伦春旗 1 次、根河市 1 次、图里河镇 1 次、小二沟镇 1 次。最大值出现在博克图镇(1985 年 8 月 19 日)为 127.5 mm,降水在 12 h 内完成;次值出现在扎兰屯市(1998 年 7 月 27 日)为 126.7 mm。

4.4.6　暴雨过程次数统计分析

提出暴雨"日次"(简称次)这一概念,并规定:凡呼伦贝尔市境内 16 个气象台站中某一日有一个或一个以上台站出现单站日降雨量达到或超过 50.0 mm 时,就算作有 1 次暴雨。按照上述规定统计呼伦贝尔市 1961—2015 年 55 年内共发生 190 次暴雨(含大暴雨)。1 次过程超过 3 站(含 3 站)以上出现暴雨(含大暴雨)的共有 18 次,有 9 次过程发生在大兴安岭东部的几个台站,是扎兰屯、阿荣旗、莫力达瓦旗、小二沟、鄂伦春旗、博克图这几个台站的组合;1 次暴雨过程超过 5 站(含 5 站)以上仅有 3 次,分别是 1988 年 8 月 6 日至 7 日,共有 9 站出现暴雨;1998 年 7 月 29 日,共有 6 站达到暴雨(含大暴雨);2011 年 7 月 25 日,5 站达到暴雨。以上数据表明呼伦贝尔市暴雨的一个显著特点是范围小,局部性强,区域性暴雨次数少;即使有超过 3 站以上的区域性暴雨,发生地也多数是大兴安岭东部地区,这与东部地区年降水较多相一致。同时,也反映出呼伦贝尔市地域大,站网过于稀疏,以 2011 年 7 月 25 日暴雨过程来说,虽然气象站只有 5 站有暴雨,但有暴雨的区域自动站多达 20 多个。

4.5　暴雨分析

4.5.1　天气图主观分析

经典天气学理论中,暴雨的产生需要三方面条件共同作用,即充足的水汽供应、强烈的上升运动、较长的持续时间。但对于北方暴雨尤其是华北、东北暴雨而言,其局地性、突发性较强,而持续时间往往较短,故而在进行暴雨分析时,可将持续时间忽略,转而分析有利于短时强降水产生的层结条件。

4.5.1.1　天气系统分析

暴雨天气系统分析主要包括:位势高度场槽线分析及高低中心标注;流场切变线、辐合线分析及低空急流识别;温度场锋区识别及冷暖中心标注;海平面气压场冷锋、暖锋、锋面气旋及低压倒槽分析等。

槽线：槽线应当定于低值系统等高线曲率最大处，倘若由于曲率均一或扰动浅平导致主观无法判断何处曲率最大，可叠加流线，穿等高线而过，将槽线定于流线气旋式切变最大处，如图4.6所示。

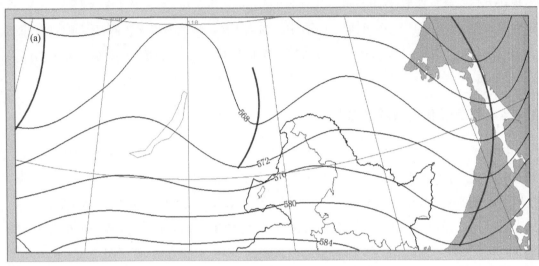

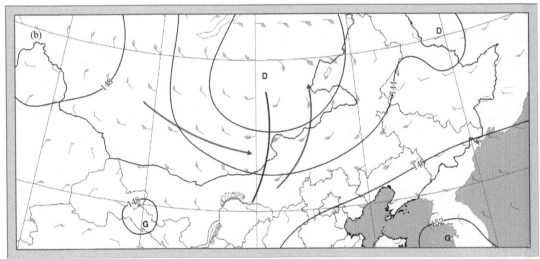

图4.6 槽线

低涡：对于闭合等高线，应当标注高低中心符号及相应位势高度数值，若闭合等高线范围过大导致主观无法判断中心准确位置，可叠加流线，将高、低中心及数值标注于流线旋转式奇异点处，如图4.7所示。

切变线：由于中高纬度地区流场与位势高度场相互适应，因此位势高度场槽线所在处往往即流场切变线所在处，此时可只分析槽线。若遇两高值系统相互作用或低值系统过于狭长而无法分析槽线，此时可对流场进行分析，将切变线定于流线气旋式切变最大处。一般而言，切变线不穿等高线，如图4.8所示。

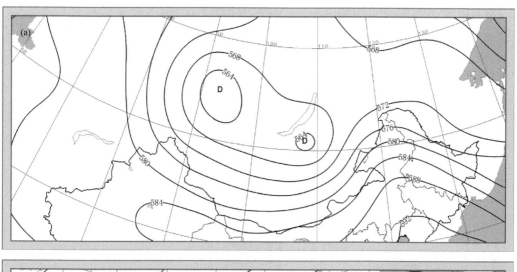

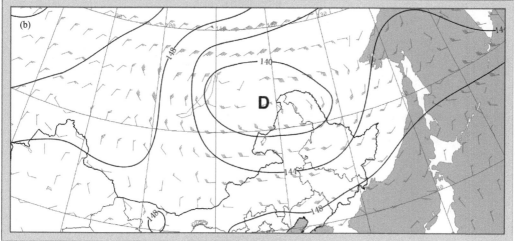

图 4.7　低值系统

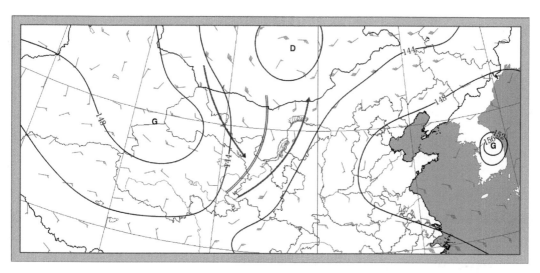

图 4.8　切变线

辐合线：沿流线方向,风速突然减小或风向突然转变时,可分析辐合线。高空流场较为连续,辐合线不易出现,但地面流场受下垫面影响较为明显,多辐合线活动,如图4.9所示。

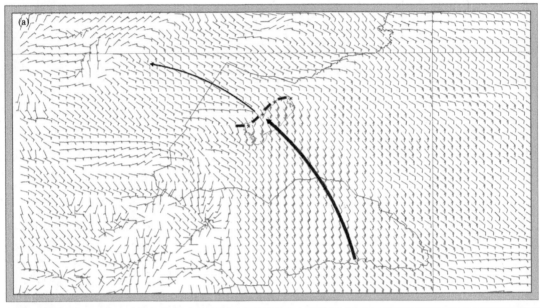

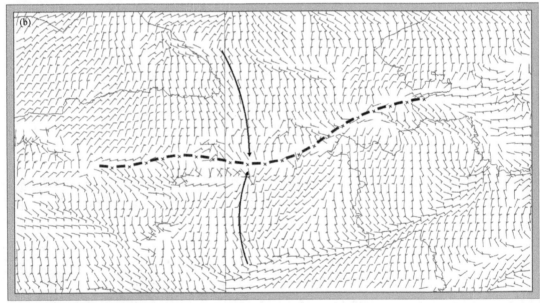

图 4.9　辐合线

显著流线：低空流场偏南、偏东气流风速明显高于四周的区域,分析低空急流,其临界风速为 12 m/s,若未达临界风速,则可分析显著流线。低空急流左侧往往对应低值系统中心,且切变线及辐合线活跃,有利于中小尺度系统发展、组织,如图4.10所示。

高空急流：高空流场风速超过 30 m/s 的区域,分析高空急流。高空急流左侧存在明显的气旋式切变,对应正涡度大值区,其出口区左侧相应有正涡度平流,有利于垂直运动的产生,如图 4.11 所示。

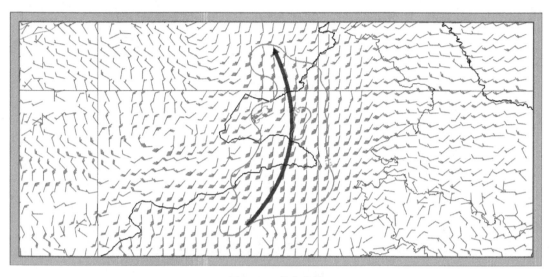

图 4.10　低空急流

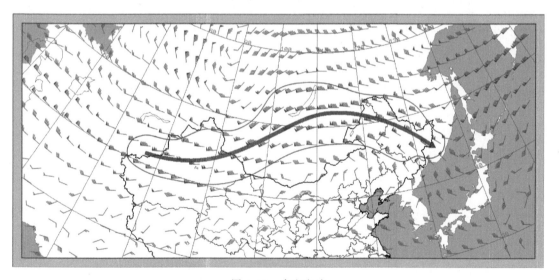

图 4.11　高空急流

低压倒槽:西南涡或西北涡在东进过程中受西太平洋副热带高压阻挡转而北上,地面则对应低压或倒槽向北伸展,如图 4.12 所示。

4.5.1.2　水汽条件分析

水汽条件分析主要分为水汽输送条件、水汽绝对含量、水汽饱和程度、水汽辐合程度四个部分。大气中水汽多集中于对流层低层,故而水汽条件分析多限于 700 hPa 以下。

比湿:比湿是表征水汽绝对含量的物理量,降水的概率及强度多与比湿相关。比湿场

69

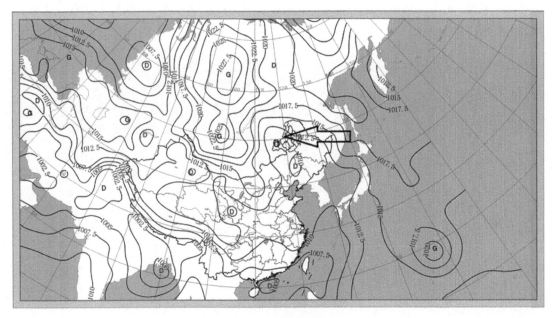

图 4.12　低压倒槽

上,大于 $8\ \mathrm{g \cdot kg^{-1}}$ 的区域,以 $4\ \mathrm{g \cdot kg^{-1}}$ 为间隔,进行分析。根据季节、层次不同,分析阈值及间隔可相应调整,如图 4.13 所示。

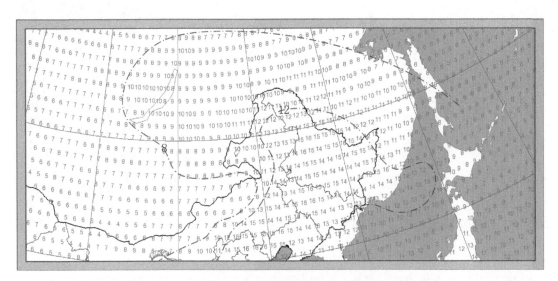

图 4.13　比湿分析 $(\mathrm{g \cdot kg^{-1}})$

　　相对湿度:相对湿度是表征水汽饱和程度的物理量。相对湿度大于 70% 即为湿区,大于 90% 即为饱和区,对不同区域分别进行分析,如图 4.14 所示。

　　比湿通量:比湿通量是表征水汽输送条件的物理量。在比湿通量场上,大于 $8\ \mathrm{g \cdot s^{-1} \cdot hPa^{-1} \cdot cm^{-1}}$ 的区域,以 $4\ \mathrm{g \cdot s^{-1} \cdot hPa^{-1} \cdot cm^{-1}}$ 为间隔,进行分析,并叠加流场,标注湿

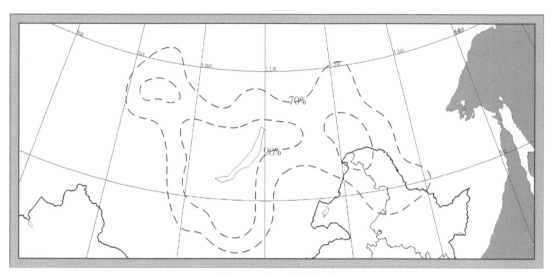

图 4.14 相对湿度分析

轴。大气中水汽输送往往集中于低层,故而分析 925 hPa 与 850 hPa 两层等压面即可。湿轴前沿、比湿通量梯度大值区,多为水汽辐合区,易产生强降水,如图 4.15 所示。

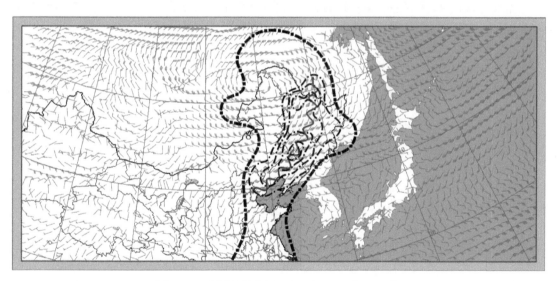

图 4.15 比湿通量分析($g \cdot s^{-1} \cdot hPa^{-1} \cdot cm^{-1}$)

比湿通量散度:比湿通量散度是表征水汽辐合程度的物理量,比湿通量散度的大小基本可以反映降水的强弱。比湿通量散度负值区即为水汽辐合区,故而可仅对比湿通量散度零线进行分析,并对负值中心进行标注,如图 4.16 所示。

4.5.1.3 上升运动条件分析

根据准地转动力学理论,大气垂直运动由涡度差动平流与温度平流共同作用产生,而大

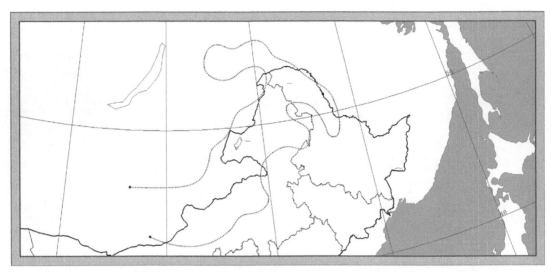

图 4.16　比湿通量散度分析

气准不可压特性表明垂直速度可由水平散度诊断得出。故而上升运动条件主要分析涡度平流、温度平流、散度及垂直速度。

涡度平流:低层涡度平流相对较弱,故而涡度差动平流的正负往往取决于高层涡度平流的正负。高层涡度平流正值区,往往对应垂直运动上升区,可对涡度平流零线进行分析,并对正值中心进行标注,如图 4.17 所示。

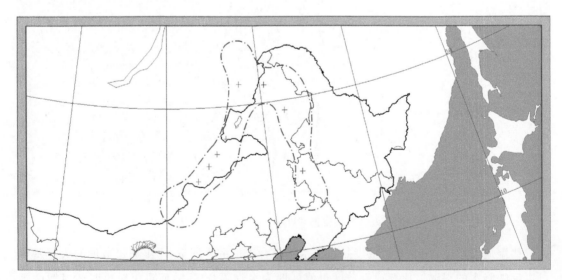

图 4.17　涡度平流分析

温度平流:中低层温度平流正值区,往往对应垂直速度上升区,可对温度平流零线进行分析,并对正值中心进行标注,如图 4.18 所示。

散度:低层辐合、高层辐散,大气准不可压特性产生补偿作用,引起上升运动,故而低层

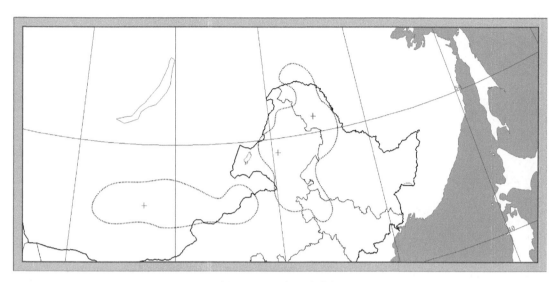

图 4.18　温度平流分析

散度负值区与高层散度正值区叠置,对应上升运动。可对高、低两层散度零线进行分析,并对正、负中心分别标注,如图 4.19 所示。

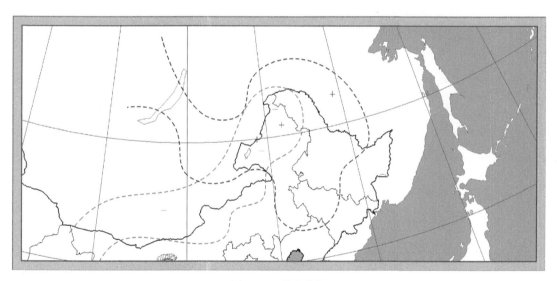

图 4.19　散度分析

垂直速度:p 坐标下,垂直速度负值区即为上升运动,分析时可以阴影标注负值区,而后自下而上叠加多个层次进行判别,如图 4.20 所示。

4.5.1.4　层结条件分析

大气层结稳定度主要由温、湿垂直分布决定,故而层结条件分析主要针对温差及假相当位温差进行,此外,针对零度层高度进行分析以估计暖云厚度。

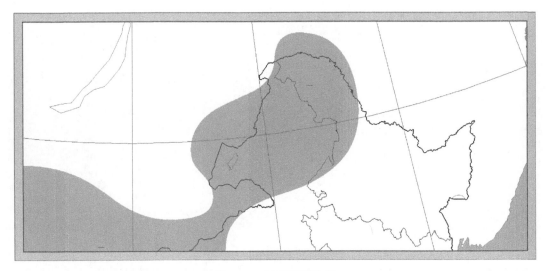

图 4.20　垂直速度分析

温差:500 hPa 与 850 hPa 两层等压面之间温差小于－28 K 的区域,以 4 K 为间隔,进行分析。惯常而言,500 hPa 与 850 hPa 两层等压面之间温差大于－24 K 则为绝对稳定,小于－36 K 则为绝对不稳定,两者之间即为条件性不稳定,如图 4.21 所示。

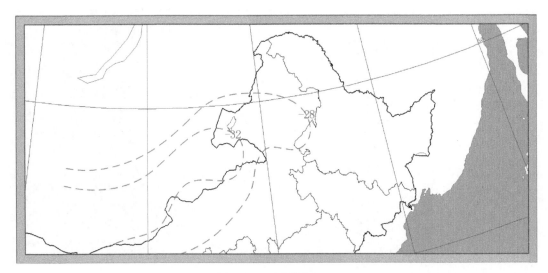

图 4.21　温差分析(K)

假相当位温差:500 hPa 与 850 hPa 假相当位温差负值区即为不稳定区,以 4 K 为间隔,进行分析,其值越小,不稳定度越高,如图 4.22 所示。

零度层高度:零度层高度大于 4000 gpm 的区域,以 500 gpm 为间隔,进行分析。暴雨的产生往往由降水效率较高的深厚暖云所引发,理论而言,抬升凝结高度至零度层高度之间的云体即为暖云,实际预报、分析中,抬升凝结高度多为 p 坐标计算结果,应用不便,故而可仅分析零度层高度,从而估计暖云厚度,如图 4.23 所示。

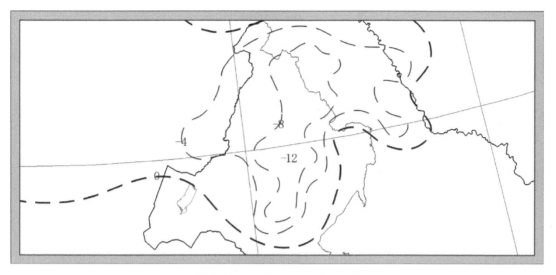

图 4.22　假相当位温差分析（K）

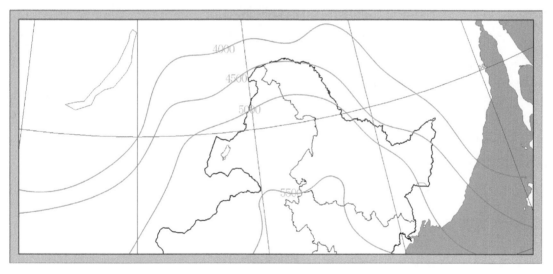

图 4.23　零度层高度分析（gpm）

4.5.2　物理量客观诊断

暴雨物理量客观诊断阈值见表 4.3。

表 4.3　暴雨物理量客观诊断阈值

	925 hPa	850 hPa	700 hPa	500 hPa	300 hPa
垂直速度（$Pa \cdot s^{-1}$）	$\leqslant -160$	$\leqslant -120$	$\leqslant -80$	$\leqslant -80$	$\leqslant -40$
比湿（$g \cdot kg^{-1}$）	$\geqslant 16$	$\geqslant 12$	$\geqslant 8$		
相对湿度（%）	$\geqslant 90$	$\geqslant 90$	$\geqslant 90$		
比湿通量散度（$g \cdot s^{-1} \cdot hPa^{-1} \cdot cm^{-2}$）	$\leqslant -100$	$\leqslant -80$	$\leqslant -40$		

	925 hPa	850 hPa	700 hPa	500 hPa	300 hPa
与地面温差(K)		≤−12	≤−24		
与地面假相当位温差(K)		≤0	≤−4		
零度层高度(gpm)			≥5000		
抬升凝结高度(hPa)		≥900			

4.5.3 技术流程

暴雨预报技术流程如图 4.24 所示:

(1)分析各等压面位势高度场,辨识可能引发降水产生的低值系统;

(2)分析各等压面流场,辨识切变、辐合以及低空急流;

(3)分析海平面气压场,辨识气旋、锋面、低压倒槽;

(4)分析各等压面温度场,辨识锋区及冷槽暖脊;

(5)分析水汽条件,依次分析水汽绝对含量、水汽饱和程度、水汽输送条件、水汽辐合条件;

(6)分析上升运动条件,利用 ω 方程通过涡度差动平流与温度平流或利用连续方程通过各层散度对垂直速度进行诊断;

(7)分析层结条件,辨识不稳定层与暖云区;

(8)采用围区法对降水落区进行判断;

(9)对各物理量进行诊断,判断降水可能强度;

(10)综合分析结果,制作分析产品。

4.5.4 分析示例

2016 年 6 月 17 日暴雨天气过程

100 hPa 等压面位势高度场上,2016 年 6 月 15—18 日,极涡形态始终呈多极型分布,其演变基本为转游性运动。北半球高纬度地区,极涡分裂的 3 个中心分别位于亚洲东岸以及北美东、西两岸。东亚地区自始至终处于南亚高压与太平洋副热带高压之间的宽广槽区之中,故而低层扰动频繁、旺盛(图 4.25)。

6 月 13 日 08:00,200 hPa 等压面上,南亚高压发展异常强盛,向北伸展于乌拉尔山附近形成阻塞高压,控制整个东亚地区上游,太平洋副热带高压发展同样强盛,向北伸展于鄂霍次克海附近形成阻塞高压,东亚地区中高纬度处于两高切断而成的冷涡控制之中;500 hPa 等压面上环流异常更为明显,西太平洋副热带高压中心强度高达 604 dagpm,脊线稳定于 20°N,而 588 dagpm 线于 120°E 附近已越过 30°N,并受高原加热作用于 80°E 附近北伸达 50°N,与中高纬度切断冷涡共同作用,使得副热带锋区于 30°~50°N 附近明显加强;受高层

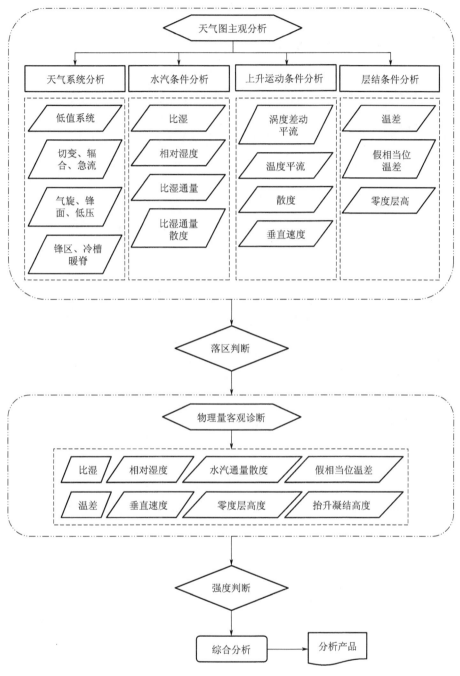

图 4.24　暴雨分析技术流程

切断形势影响,东亚地区 100°~140°E 范围内低层处于宽广的低值系统控制之中,扰动频繁发展,850 hPa 及海平面气压场上均可分析出 3~4 个低值中心(图 4.26)。

此时呼伦贝尔处于切断冷涡后部控制,受巴尔喀什湖以北强烈发展的阻塞高压脊前强冷平流共同作用,贝加尔湖以南蒙古境内又有短波扰动重新发展。

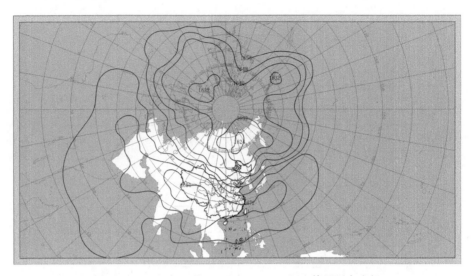

图 4.25　2016 年 6 月 16 日 20:00 100 hPa 等压面高度场

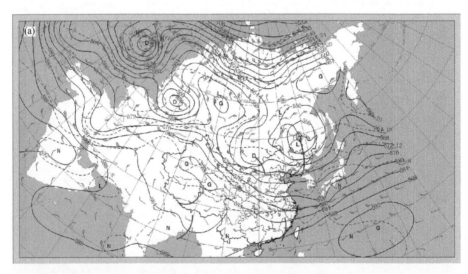

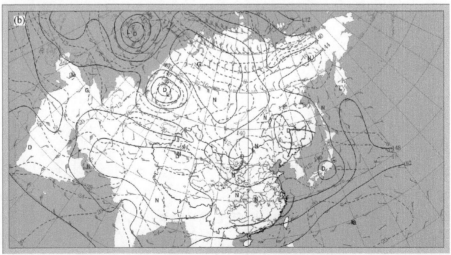

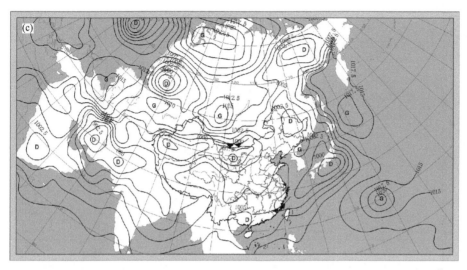

图 4.26　2016 年 6 月 13 日 08:00 环流形势:(a)500 hPa;(b)850 hPa;(c)海平面气压场

14 日 08:00,500 hPa 等压面上,贝加尔湖以南蒙古境内扰动在阻塞高压脊前偏北气流引导下南压,与副热带锋区叠加,致使锋区有效位能快速释放转化为扰动动能,扰动快速发展形成闭合涡动,此时 110°E,65°N 附近又有扰动发展(图 4.27a)。

15 日 08:00,500 hPa 等压面上,四支系统全部显现,前支涡动减弱东移至雅库茨克,后支涡动东移至华北平原东部,重新减弱为扰动,扰动叠加在极锋锋区之上快速发展成为涡动,此外,极涡分裂导致 120°E,70°N 附近重新有切断冷涡生成(图 4.27b)。

自 16 日 08:00 至 18 日 08:00,前支涡动减弱为扰动,并入后支涡动,涡动加深,降水加强。至 19 日 08:00,南压高压向东伸展,阻塞高压减弱东移,逐渐控制呼伦贝尔,降水趋于减弱(图 4.27c、d)。

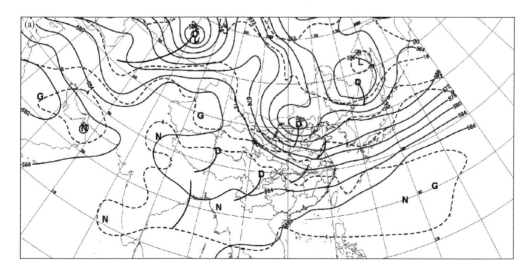

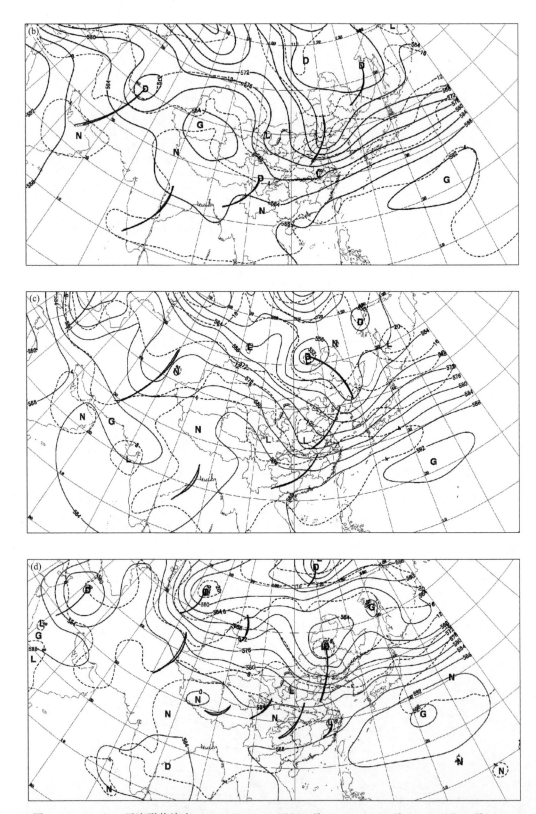

图 4.27 500 hPa 环流形势演变：(a)14 日 08:00；(b)15 日 08:00；(c)16 日 08:00；(d)18 日 08:00

海平面气压场上,受高空低值系统正涡度平流与暖平流共同作用,地面始终处于低压与倒槽持续控制之中。低压前部偏南、偏东气流有利于水汽输送;低压导致变压风辐合,气旋式环流导致地转偏差辐合,两者共同作用,促进边界层产生上升运动。边界层附近水汽辐合上升,产生降水(图 4.28)。

6 月 15 日 20:00,扰动减弱东移,与副高相互作用,导致偏南低空急流显著加强,925 hPa 等压面上急流中心最大风速高达 18 m·s^{-1},自 15°N 向北贯穿至 45°N,致使水汽输送通道完全打开,以南海为源地,不断向北输送水汽,比湿通量中心位于 30°N 附近,高达

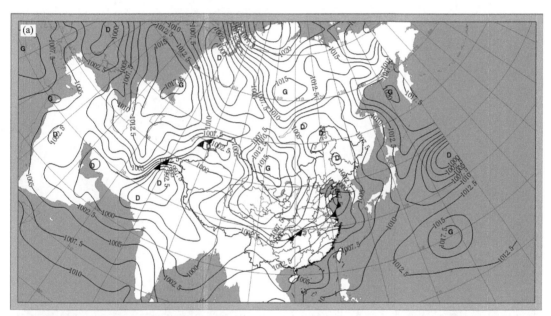

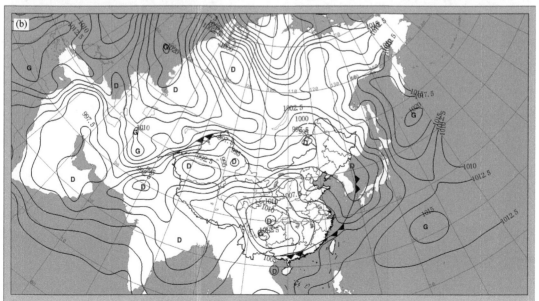

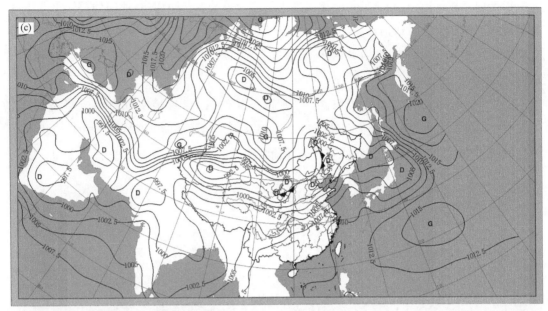

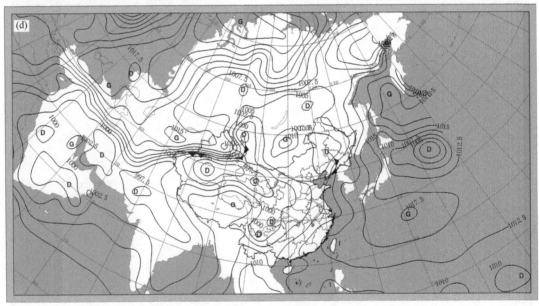

图 4.28　海平面气压场形势演变:(a)15 日 08:00;(b)16 日 08:00;(c)17 日 08:00;(d)18 日 08:00

$28\ g\cdot s^{-1}\cdot hPa^{-1}\cdot cm^{-1}$;6 月 16 日 20:00,涡动与扰动形成阶梯形态,急流分布随之变化,由南向北依次转为西南-偏西-偏南-东南,急流中心最大风速超过 $24\ m\cdot s^{-1}$,比湿通量中心超过高达 $36\ g\cdot s^{-1}\cdot hPa^{-1}\cdot cm^{-1}$,水汽通道末端值超过 $16\ g\cdot s^{-1}\cdot hPa^{-1}\cdot cm^{-1}$,并已逐渐影响呼伦贝尔(图 4.29)。

　　6 月 17—18 日,涡动南下,水汽通道经历一次更新过程,中心转为一致偏南气流,尽管比湿通量中心值减弱,但就形态而言,水汽通道更为"均匀",这种比湿通量分布形态表明水汽

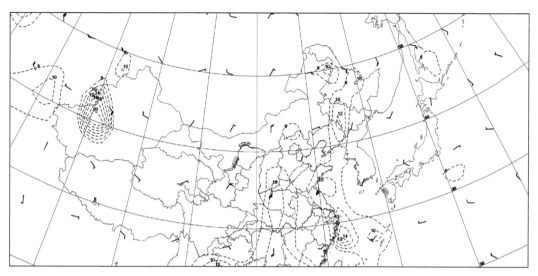

图 4.29　16 日 20:00 925 hPa 比湿通量(g・s^{-1}・hPa^{-1}・cm^{-1})

在输送过程中没有明显的辐合辐散,几乎全部水汽都被输送至通道"终点"即降水区。

水汽输送通道的建立直接导致水汽局地含量增加,6 月 16 日 20:00 之后比湿突增,由 10 g・kg^{-1} 快速增加至 16 g・kg^{-1},并且湿区明显向上伸展,表明水汽受到上升气流作用,由下而上进行扩散(图 4.30)。

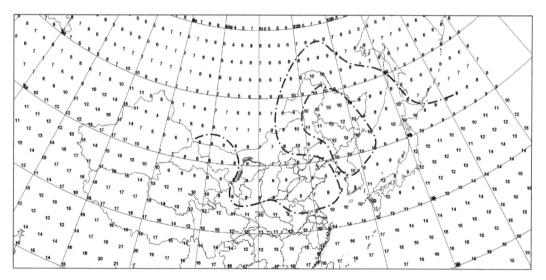

图 4.30　16 日 20:00 925 hPa 比湿(g・kg^{-1})

由于水汽的水平输送与垂直扩散,16 日 20:00 饱和程度突然加大,400 hPa 以下相对湿度均增加至 70% 以上,降水最强时段,整层基本处于饱和状态,而边界层的饱和状态则一直持续至 18 日 20:00(图 4.31)。

对于垂直运动的诊断,可通过 ω 方程进行,亦可通过连续方程进行。

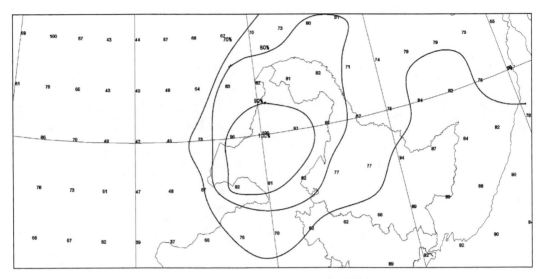

图 4.31　16 日 20:00 850 hPa 相对湿度

根据 ω 方程可知垂直运动由涡度平流随高度的变化、温度平流以及非绝热三种作用共同决定。忽略非绝热加热或冷却的作用,以扎兰屯单站为例:对于涡度平流随高度的变化,自 14 日 20:00—18 日 20:00,250 hPa 以下涡度平流始终随高度增大,16 日 20:00 前后最为显著,高低层涡度差动平流达 1.8×10^{-9} s^{-2} 与,并且在 400 hPa 附近出现了明显的梯度区;对于温度平流,自 16 日 20:00—18 日 08:00,整层均处于暖平流控制之中,并且在 850 hPa 附近与 200 hPa 附近各出现了中心值,分别为 0.4×10^{-4} K·s^{-1} 与 1.6×10^{-4} K·s^{-1}。由此可见,无论是动力因子还是热力因子,均对垂直运动产生了明显作用。

而根据连续方程可知垂直运动由上下层的水平散度共同决定。对于水平散度,同样以扎兰屯单站为例:自 16 日 08:00—18 日 20:00,高低层始终维持着一对正负中心,最强时段为 17 日 08:00—20:00,其值分别为 1.5×10^{-5} s^{-1} 与 -1.8×10^{-5} s^{-1},表明高层存在明显的辐散而低层存在明显的辐合,换言之,高层质量流失而低层质量汇集,高低层水平运动的共同作用强迫空气抬升,产生强烈的垂直运动。

自 16 日 08:00—18 日 20:00,整层均处于垂直速度的负值区,而降水最强时段,其值一度低于 -25 Pa·s^{-1}。

6 月 17 日 08:00 海拉尔站探空曲线(图 4.32):水汽通道建立之后,局地水汽绝对含量增大,露点提高,整层近乎饱和,假相当位温廓线自边界层向上至 250 hPa 基本垂直,表明层结处于中性,有利于中小尺度系统产生,而 0~3 km 垂直风切变超过 8 m·s^{-1},有利于中小尺度系统发展。

高、低层系统动力、热力共同作用,产生强烈的垂直运动,并且在降水区出现了明显的水汽辐合,扎兰屯单站比湿通量散度时间垂直剖面上,自 15 日 08:00—18 日 20:00,边界层始

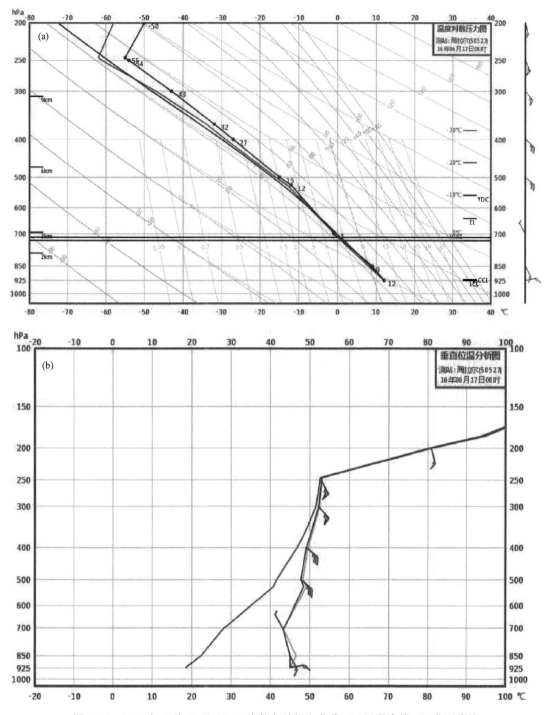

图 4.32　2016 年 6 月 17 日 08:00 海拉尔站探空曲线:(a)温湿廓线;(b)位温廓线

终处于比湿通量散度负值区控制,并且伴随环流调整依次出现了-2.1×10^{-8} g・s^{-1}・hPa^{-1}・cm^{-2}、-1.8×10^{-8} g・s^{-1}・hPa^{-1}・cm^{-2}、-2.1×10^{-8} g・s^{-1}・hPa^{-1}・cm^{-2} 三个辐合中心,表明边界层有明显的水汽辐合,而自 16 日 08:00—17 日 20:00,整层均处于比

湿通量散度负值区控制之中,表明整层水汽出现了净辐合,因而该时段降水最强。

事实上,局地降水量的多少,基本取决于局地气柱中水汽辐合的多少,故而整层比湿通量散度积分可以非常明确地反映降水率(单位时间的降水量),整个降水过程期间,不断有比湿通量散度垂直积分高值区经呼伦贝尔而过,如图 4.33 所示,以扎兰屯单站为例,自 15 日 20:00,比湿通量散度垂直积分逐渐转为负值,并维持至 18 日 20:00,期间比湿通量散度垂直积分尽管出现波动,但均维持负值,表明在长达 72 h 的时间内,扎兰屯上空不断有水汽辐合、凝结、降落。

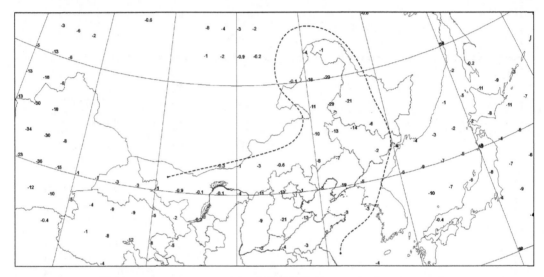

图 4.33 17 日 08:00 925 hPa 比湿通量散度(g·s^{-1}·hPa^{-1}·cm^{-2})

第5章 暴雪灾害影响及其分析

5.1 概述

暴雪是中国北方地区冬季较为常见的灾害性天气之一,对交通运输、农牧业生产、电力通信、公共卫生等均有不同程度的影响。呼伦贝尔市暴雪多与大风、降温天气同时出现,严重时可造成暴风雪灾害,此外,若降雪量级较大,积雪过厚,牧草被掩埋导致牧畜无草可食,冻饿而死,则称白灾。

呼伦贝尔市地处高纬,水汽条件相对较差,隆冬尤甚,往往需要出现大型槽、涡活动,破坏稳定纬向环流,方可提供有效的水汽输送,产生暴雪。因此呼伦贝尔市暴雪多发生于春、秋两季,且以雨夹雪暴雪为多。其空间分布与暴雨类似,呈东多西少,同样以大兴安岭为界,岭东及岭上为多,岭西为少。

本章首先对暴雪相关标准进行梳理,而后对暴雪致灾情况进行归纳整理,之后对暴雪气候特征进行详述,最后通过分析暴雪成因机制,根据环流形势、形成条件、指标阈值,制定暴雪分析流程。

5.2 定义标准

5.2.1 资料选取

选取呼伦贝尔市气象局辖下 16 个国家站(基准站、基本站、一般站)1961—2015 年共计 55 年人工观测记录、日降水量资料、日积雪深度资料,日界为北京时间 20:00。

5.2.2 暴雪日定义

参照《降水量等级》(GB/T 28592—2012)国家标准与《中短期天气预报质量检验办法(试行)》(气发〔2005〕109 号)所述规定,根据日降水量资料,结合人工观测记录与日积雪深度资料,将暴雪分为纯雪暴雨与雨夹雪暴雪。

纯雪暴雪:某观测日某国家站日降水量超过 10.0 mm 且人工观测记录中当日该站仅出

现"雪"而未出现"雨"或"雨夹雪",即记为纯雪暴雪;

雨夹雪暴雪:某观测日某站日降水量超过 10.0 mm,但人工观测记录中当日该站出现"雨夹雪"或同时出现"雪"与"雨",且日积雪深度超过 10 cm,即记为雨夹雪暴雪。

暴雪日:某观测日有 1 个或以上国家站出现暴雪(纯雪暴雪或雨夹雪暴雪),即记该日为暴雪日。一个或连续多个暴雪日,均记为一次暴雪过程。

5.3 灾情实况

5.3.1 暴雪灾情

本章(表5.1、表5.2)所列暴雪灾情及其损失数据源自《中国气象灾害大典(内蒙古卷)》《呼伦贝尔市气象局历年气象灾害报表》《呼伦贝尔市气象局气象灾情普查表》(2007 年整理上报)。暴雪不同于其他灾害,其致灾往往由于多次降雪导致的白灾所产生,因此其致灾时间往往短至数日,长至一冬。

表 5.1 呼伦贝尔市历次暴雪灾情影响时间及范围

开始时间	结束时间	受灾旗(市、区)	受灾镇(乡、苏木)
1953 年 5 月 11 日	1953 年 5 月 17 日	陈巴尔虎旗	全旗范围
1954 年 4 月 15 日	1954 年 4 月 18 日	陈巴尔虎旗	全旗范围
1956 年 4 月 13 日	1956 年 4 月 17 日	新巴尔虎右旗	额尔敦乌拉苏木
1956 年 11 月		新巴尔虎左旗	全旗范围
1957 年 11 月	1958 年 1 月	新巴尔虎右旗	全旗范围
1958 年 4 月 24 日	1958 年 4 月 26 日	新巴尔虎左旗	全旗范围
1959 年 10 月		新巴尔虎左旗	全旗范围
1963 年 12 月		新巴尔虎左旗	全旗范围
1965 年 11 月	1966 年 2 月	新巴尔虎右旗	克尔伦苏木
1965 年 11 月	1966 年 2 月	新巴尔虎左旗	伊和乌拉苏木
1965 年 11 月	1966 年 2 月	陈巴尔虎旗	全旗范围
1968 年 12 月	1969 年 2 月	新巴尔虎左旗	全旗范围
1969 年 11 月	1970 年 1 月	新巴尔虎右旗	全旗范围
1971 年 2 月 20 日	1971 年 3 月 29 日	陈巴尔虎旗	全旗范围
1976 年 4 月 21 日	1976 年 4 月 23 日	新巴尔虎右旗	全旗范围
1980 年 4 月		新巴尔虎左旗	全旗范围
		新巴尔虎右旗	全旗范围
		陈巴尔虎旗	全旗范围

续表

开始时间	结束时间	受灾旗(市、区)	受灾镇(乡、苏木)
1980 年 10 月 29 日	1980 年 12 月 3 日	新巴尔虎左旗	全旗范围
		新巴尔虎右旗	全旗范围
1980 年 12 月		鄂温克旗	全旗范围
1981 年 4 月	1981 年 5 月	新巴尔虎左旗	全旗范围
		新巴尔虎右旗	全旗范围
		陈巴尔虎旗	全旗范围
		鄂温克族自治旗	全旗范围
1982 年 5 月 14 日	1982 年 5 月 16 日	新巴尔虎左旗	全旗范围
		新巴尔虎右旗	全旗范围
		陈巴尔虎旗	全旗范围
		鄂温克族自治旗	全旗范围
1983 年 11 月	1984 年 4 月	新巴尔虎右旗	全旗范围
		鄂温克族自治旗	全旗范围
1986 年 4 月		新巴尔虎右旗	全旗范围
1987 年 11 月 15 日		莫力达瓦旗	全旗范围
1988 年 1 月	1988 年 3 月	新巴尔虎左旗	全旗范围
1990 年 2 月 19 日		莫力达瓦旗	全旗范围
1991 年 12 月 2 日		莫力达瓦旗	全旗范围
1992 年 11 月 25 日		莫力达瓦旗	全旗范围
1995 年 12 月 28 日		莫力达瓦旗	全旗范围
1995 年		新巴尔虎右旗	全旗范围
1996 年 3 月 29 日		陈巴尔虎旗	全旗范围
1996 年 11 月	1997 年 2 月	新巴尔虎左旗	全旗范围
1996 年 11 月 10 日		莫力达瓦旗	全旗范围
1997 年 12 月 19 日		莫力达瓦旗	全旗范围
1998 年 11 月	1999 年 4 月	鄂温克族自治旗	伊敏镇、辉苏木、东苏木、巴彦嵯岗苏木、孟根楚鲁苏木
1999 年 2 月 26 日		莫力达瓦旗	全旗范围
1999 年 11 月	2000 年 4 月	鄂温克族自治旗	巴彦托海镇、伊敏镇、东苏木、辉苏木、西苏木

续表

开始时间	结束时间	受灾旗(市、区)	受灾镇(乡、苏木)
1999 年 12 月 9 日		陈巴尔虎旗	全旗范围
2000 年 3 月 22 日		陈巴尔虎旗	全旗范围
2001 年 2 月	2001 年 3 月	新巴尔虎左旗	全旗范围
2001 年 12 月	2002 年 4 月	鄂温克族自治旗	全旗范围
2001 年 12 月 11 日		陈巴尔虎旗	全旗范围
2001 年		新巴尔虎右旗	全旗范围
2002 年 1 月	2002 年 3 月	新巴尔虎左旗	全旗范围
2002 年 1 月 6 日		莫力达瓦旗	全旗范围
2002 年 1 月 14 日		陈巴尔虎旗	全旗范围
2002 年 11 月	2002 年 12 月	新巴尔虎左旗	全旗范围
2002 年 11 月	2003 年 3 月	鄂温克族自治旗	伊敏镇、东苏木、辉苏木
2002 年		新巴尔虎右旗	全旗范围
2003 年 1 月		新巴尔虎右旗	全旗范围
2003 年 1 月	2003 年 3 月	新巴尔虎左旗	全旗范围
2003 年 2 月 22 日	2003 年 2 月 25 日	新巴尔虎右旗	全旗范围
2003 年 12 月 4 日		陈巴尔虎旗	全旗范围
2003 年 12 月 25 日		莫力达瓦旗	全旗范围
2004 年 3 月 10 日		陈巴尔虎旗	全旗范围
2004 年 12 月 10 日		莫力达瓦旗	全旗范围
2005 年 4 月 9 日		陈巴尔虎旗	全旗范围
2005 年 12 月 5 日	2005 年 12 月 23 日	鄂温克族自治旗	全旗范围
2006 年 3 月 10 日		莫力达瓦旗	全旗范围
2007 年 3 月 24 日		新巴尔虎右旗	全旗范围
		新巴尔虎左旗	全旗范围
		陈巴尔虎旗	全旗范围
		鄂温克族自治旗	全旗范围
		扎兰屯市	全市范围
		阿荣旗	全旗范围
		莫力达瓦旗	全旗范围

开始时间	结束时间	受灾旗(市、区)	受灾镇(乡、苏木)
2007 年 3 月 24 日		鄂温克族自治旗	辉河苏木、伊敏苏木、锡尼河镇、巴彦塔拉达翰尔民族乡
2007 年 3 月 24 日		新巴尔虎左旗	全旗范围
2007 年 3 月 24 日		陈巴尔虎旗	全旗范围
2009 年 1 月 24 日		新巴尔虎右旗	全旗范围
2009 年 2 月 1 日		陈巴尔虎旗	全旗范围
2009 年 2 月 3 日		新巴尔虎左旗	全旗范围
2009 年 3 月 5 日		新巴尔虎左旗	全旗范围
2010 年 12 月 1 日	2010 年 12 月 2 日	陈巴尔虎旗	全旗范围
2010 年 12 月 2 日		鄂温克族自治旗	全旗范围
2010 年 12 月 4 日		扎兰屯市	南木乡
2010 年 12 月 4 日		新巴尔虎左旗	全旗范围
2012 年 12 月 28 日		新巴尔虎右旗	全旗范围
2013 年 1 月 31 日	2013 年 2 月 1 日	新巴尔虎右旗	全旗范围
2013 年 1 月 31 日	2013 年 2 月 1 日	新巴尔虎左旗	全旗范围
2013 年 3 月 8 日	2013 年 3 月 9 日	新巴尔虎左旗	全旗范围

5.3.2　暴雪灾害主要影响

1951—2015 年 65 年中,发生在呼伦贝尔市的 74 次致灾暴雪天气过程在一定程度上对农业、牧业及人民生产生活等方面造成影响,灾害共计造成直接经济损失达 60619.6 万元(表 5.2)。

5.3.2.1　农业影响

呼伦贝尔市灾害性暴雪天气对农业影响主要是造成农作物不同程度受灾,严重时使得农作物绝收。统计 1951—2015 年 65 年暴雪天气灾情发现,灾害性暴雪天气共造成农作物受灾面积 891.5219 万公顷,农作物成灾面积 148.8273 万公顷,农作物绝收面积 11.6382 万公顷,共造成农业经济损失 5456 万元。

5.3.2.2　牧业影响

呼伦贝尔市灾害性暴雪天气对牧业影响相对较大,65 年 69 次致灾暴雪天气中,主要致使大牲畜死亡。灾害性暴雪天气共造成大牲畜死亡共计 251.3712 万头。

表 5.2　各旗（市、区）暴雪灾害损失表

地区	日期	农业影响（公顷）			社会影响									牧业影响	经济损失（万元）	
		作物受灾面积	作物成灾面积	作物绝收面积	人口（人）				房屋（间）		其他		死亡大型牲畜（头）	农业经济损失	直接经济损失
					受灾	死亡	受伤	被困	转移安置	损坏	倒塌	道路桥梁	其他损失			
陈巴尔虎旗	1953 年 5 月 11—17 日													20000		
	1954 年 4 月 15—18 日													2500		
	1965 年 11 月—1966 年 2 月													4000		
	1981 年 4—5 月													30000		
	1982 年 5 月 14—16 日													700000		
	1996 年 3 月 29 日													7000		
	1999 年 12 月 9 日															
	2000 年 3 月 22 日															
	2001 年 12 月 11 日															
	2002 年 1 月 14 日													29000		
	2003 年 12 月 4 日													51000		
	2004 年 3 月 10 日													313000		
	2005 年 4 月 9 日													214000		
	1980 年 4 月													110000		
	2009 年 2 月 1 日													20000		
	2010 年 12 月 1 日													540000		
鄂温克族自治旗	1980 年 12 月													20000		
	2007 年 3 月 24 日	10500				7				13				7000		
	2010 年 12 月 2 日													72000		

续表

地区	日期	农业影响（公顷）			社会影响									牧业影响	经济损失（万元）	
		作物受灾面积	作物成灾面积	作物绝收面积	受灾	死亡	受伤	被困	转移安置	损坏	倒塌	道路桥梁	其他损失	死亡大型牲畜（头）	农业经济损失	直接经济损失
鄂温克族自治旗	1982 年 5 月 14—16 日					3								30000		530
	1983 年 11 月—1984 年 4 月													20000		
	1998 年 11 月—1999 年 4 月				8409									100000		8000
	1999 年 11 月—2000 年 4 月				700	1								1500		120
	2001 年 12 月—2002 年 4 月				7000	3								16000		340
	2002 年 11 月—2003 年 3 月				5734									10000		500
	2005 年 12 月 5—23 日				11380									7000		
	1987 年 11 月 15 日	56394														
	1990 年 2 月 19 日	215			3119									5100		
	1991 年 12 月 2 日	367														
	1992 年 11 月 25 日	104000														
	1995 年 12 月 28 日	4077				1	1							500		328
莫力达瓦达斡尔族自治旗	1996 年 11 月 10 日	1124	200		14000											193
	1997 年 12 月 19 日	17200	9184		8500					2835	105					300
	1999 年 2 月 26 日	4000	1100		1200					300	120					146
	2002 年 1 月 6 日	9942			17089									4478		189
	2003 年 12 月 25 日	58000			12000									3300		210
	2004 年 12 月 10 日	46000			12611									715		102
	2006 年 3 月 10 日				23000		51									80

续表

地区	日期	农业影响(公顷) 作物受灾面积	作物成灾面积	作物绝收面积	社会影响 人口(人) 受灾	死亡	受伤	被困	转移安置	房屋(间) 损坏	倒塌	其他 道路桥梁	其他损失	牧业影响 死亡大型牲畜(头)	经济损失(万元) 农业经济损失	直接经济损失
新巴尔虎右旗	1968年12月—1969年2月				15815					3856				300		118
	1969年11月—1970年1月				4800									300		210
	1971年2—3月		21937	1500	300									367	1750	1750
	1980年10月29—12月3日		215	200	1000										288	288
	1956年4月13—17日		240	240											48	48
	1957年11月		98000	44000	10000											5487
	1965年11月—1966年2月		4077	2500	15000											555
	1976年4月21—23日		1104	1042	4000										188	188
	1982年5月14—16日		17200	4500	21000										3182	3182
	1983年11月—1984年4月		4000	3000	4000											680
	1986年4月	162066	9100	1400	15000											2817
	1995年	181100	58000	58000	36000											19140
	2001年	191000	46000		30000											5520
	2002年	166613														110
	2003年1月	144600			1500					53				420		60
	2003年2月22—25日				3600					20	20					30
	2009年1月24日				20000					30	20			23000		460
	2012年12月28日				20000		30							26000		460
	2013年1月31日				20000		50			80				20000		230

续表

| 地区 | 日期 | 农业影响（公项） | | | 社会影响 | | | | | | | | | 牧业影响 | 经济损失（万元） | |
| | | 作物受灾面积 | 作物成灾面积 | 作物绝收面积 | 人口（人） | | | | | 房屋（间） | | 其他 | | 死亡大型牲畜（头） | 农业经济损失 | 直接经济损失 |
					受灾	死亡	受伤	被困	转移安置	损坏	倒塌	道路桥梁	其他损失			
新巴尔虎左旗	1956 年 11 月				7000		20			170				200		300
	1958 年 4 月 24—26 日				7000		50			20	37					300
	1959 年 10 月				1200		85			32	23					24
	1963 年 12 月					23										
	1965 年 11 月—1966 年 2 月						39									
	1982 年 5 月 14—16 日													4655		170
	1988 年 1—3 月				400		8							1500		80
	1996 年 11 月—1997 年 2 月				6000		26							2200		
	2001 年 2—3 月				7092									20000		
	2002 年 1—3 月													180		
	2002 年 11—12 月				10500									3500		350
	2003 年 1—3 月										45			5000		670
	1981 年 5 月				22500									200		50
	2007 年 3 月 24 日				9000									28		885
	2009 年 2 月 3 日				12000									25		20
	2009 年 3 月 5 日				2993											5000
	2010 年 12 月 4 日				18000									22		225.6
	2013 年 1 月 31 日													722		
	2013 年 3 月 8 日															170
扎兰屯市	2010 年 12 月 4 日				1000											4

5.3.2.3 社会影响

65年来,呼伦贝尔地区灾害性暴雪天气共造成58.4642万人口受灾,6396人受伤,38人死亡;造成7416间房屋损坏,370间房屋倒塌;对电力通信也产生一定的影响。

5.4 气候特征

5.4.1 暴雪日数空间分布

分析呼伦贝尔市16个台站55年来暴雪日数分布图发现,全市暴雪日数空间分布呈现出明显的大兴安岭东部多、西部少的特点(图5.1)。

纯雪暴雪日数最多台站为鄂伦春旗,55年内共发生16日,平均0.29日/年,其次为小二沟镇为13日,根河市、图里河镇为10日,其余各站均小于10日,最少的台站为新巴尔虎左

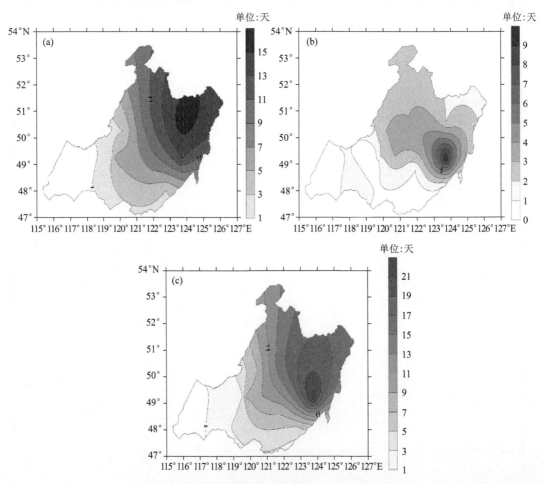

图5.1 暴雪日数空间分布:(a)纯雪;(b)雨夹雪;(c)合计

旗,仅为 1 日,最少的台站日数仅占最多台站次数的 6.25%,满洲里市和新巴尔虎右旗无纯雪暴雪日出现(图 5.1a)。

雨夹雪暴雪日数最多台站为小二沟镇,55 年内共发生 9 日,平均 0.16 日/年,其次为图里河镇为 4 日,根河市、额尔古纳市、牙克石市为 3 日,其余各站均小于 3 日,陈巴尔虎旗和新巴尔虎右旗无雨夹雪暴雪日出现(图 5.1b)。

纯雪和雨夹雪总暴雪日数最多台站为小二沟镇,55 年内共发生 22 日,平均 0.4 日/年,其次为鄂伦春旗为 18 日,根河市、图里河镇均超过 10 日,其余各站均小于 10 日,最少的台站为满洲里市,仅为 1 日,新巴尔虎右旗 55 年来没有暴雪日出现(图 5.1c)。

5.4.2　暴雪日数年际变化

呼伦贝尔市 55 年来暴雪日数的年际变化较明显(图 5.2)。纯雪暴雪日数最多的年份 1971 年和 1997 年为 6 日,是历年平均 1.2 次的 5 倍;次多年份为 1969 年和 1983 年,为 4 日;大多数年份的纯雪暴雪日数小于等于 2 日;55 年中有 17 年无纯雪暴雪过程出现。

雨夹雪暴雪日数最多的年份 2010 年为 3 日,是历年平均 0.5 日的 6 倍;雨夹雪暴雪日数为 2 日的年份有 9 年;大多数年份的雨夹雪暴雪日数少于等于 1 次;55 年中有 36 年无雨夹雪暴雪过程出现。

纯雪和雨夹雪总暴雪日数最多的年份 1971 年为 6 日,是历年平均 1.5 日的 4 倍;次多年份为 2004 年为 5 日;大多数年份的纯雪和雨夹雪总暴雪日数少于等于 3 日;55 年中有 12 年无暴雪过程出现。

5.4.3　暴雪日数月际分布

呼伦贝尔市纯雪暴雪发生在每年的 3—5 月和 9—12 月(图 5.3a),集中在 4 月和 10 月。4 月纯雪暴雪发生日数最多为 21 日,占总日数的 36.6%;10 月次之为 16 日,占总日数的 27.1%;3 月纯雪暴雪日数为 11 日,占总日数的 18.6%;11 月、9 月纯雪暴雪日数分别占总日数的 8.5% 和 5.1%;5 月和 12 月纯雪暴雪日数分别占总日数的 3.4% 和 1.7%。

雨夹雪暴雪发生在每年的 3—5 月和 9—10 月(图 5.3b),集中在 4 月和 10 月。4 月雨夹雪暴雪发生日数最多为 11 日,占总日数的 39.3%;10 月次之为 10 日,占总日数的 35.7%;5 月雨夹雪暴雪日数为 3 日,占总日数的 10.7%;3 月和 9 月雨夹雪暴雪日数均占总日数的 7.1%。

纯雪和雨夹雪暴雪发生在每年的 3—5 月和 9—12 月(图 5.3c),集中在 4 月和 10 月。4 月纯雪和雨夹雪总暴雪发生日数最多为 29 日,占总日数的 35.8%;10 月次之为 26 日,占总日数的 32.1%;3 月纯雪和雨夹雪总暴雪日数为 12 日,占总日数的 14.8%;5 月和 9 月纯雪和雨夹雪总暴雪日数均占总日数的 6.2%;11 月和 12 月纯雪和雨夹雪总暴雪日数分别占总

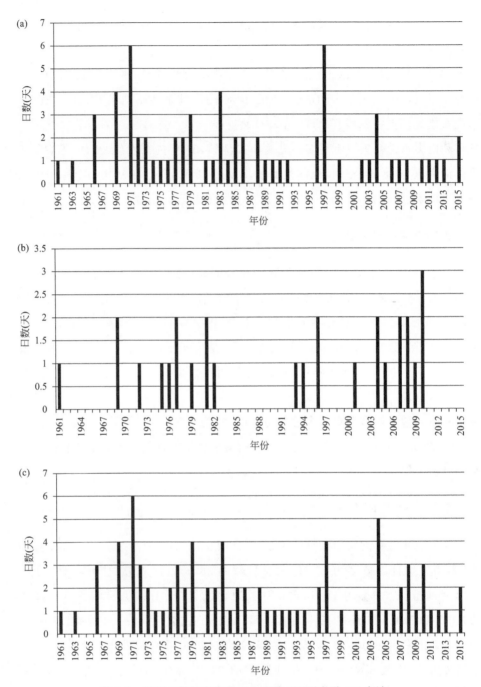

图 5.2　暴雪日数年际变化：(a)纯雪；(b)雨夹雪；(c)合计

日数的 3.7％和 1.2％。

各站月纯雪暴雪日数分布也不尽相同（图 5.4a）。鄂伦春旗和根河市 10 月纯雪暴雪日数最多，小二沟镇和图里河镇 4 月纯雪暴雪日数最多，比例均超过 40％。5 月纯雪暴雪日数有 2 日，出现在鄂伦春旗；9 月纯雪暴雪日数有 3 日，分别出现在牙克石市、鄂伦春旗和图里

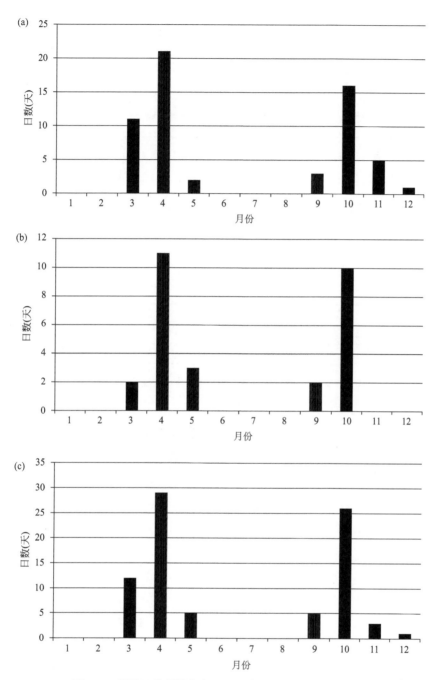

图 5.3　暴雪日数月际分布：(a)纯雪；(b)雨夹雪；(c)合计

河镇；12 月纯雪暴雪日数只在莫力达瓦旗出现过 1 次外，其余地区均未出现纯雪暴雪。

　　根河市、图里河镇、小二沟镇 4 月雨夹雪暴雪日数最多，比例超过 50%。牙克石市、额尔古纳市 10 月雨夹雪暴雪日数最多，比例超过 60%。陈巴尔虎旗、新巴尔虎右旗各月均未出现雨夹雪暴雪。

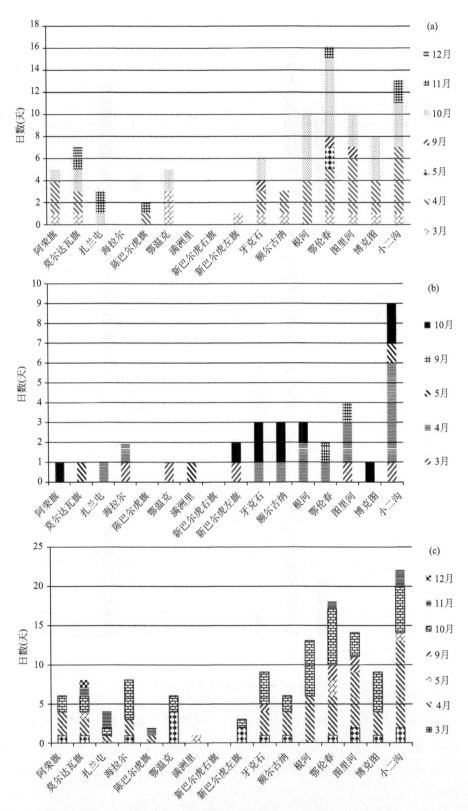

图 5.4　各站暴雪日数月际分布：(a)纯雪；(b)雨夹雪；(c)合计

　　小二沟镇、图里河镇、根河市4月纯雪和雨夹雪总暴雪日数最多,比例超过40%;鄂伦春旗10月纯雪和雨夹雪总暴雪日数最多,比例超过50%;鄂温克旗3月纯雪和雨夹雪总暴雪日数最多,比例超过60%。满洲里市55年来只出现一次暴雪天气,发生在5月,而新巴尔虎右旗55年来无暴雪天气出现。

　　可见,呼伦贝尔市地区暴雪集中发生在4月和10月,以大兴安岭东部地区为最多,西部地区暴雪发生较少。

5.4.4　日降雪量极值空间分布

　　呼伦贝尔市各地建站以来共有6个站出现纯雪暴雪日降雪量超过20 mm的大暴雪,绝大多数出现在大兴安岭林区,其中鄂伦春旗2次、额尔古纳市1次、根河市1次、图里河镇1次、陈巴尔虎旗1次、莫力达瓦旗1次。最大值出现在鄂伦春旗(1997年10月20日)为27.7 mm;次值出现在莫力达瓦旗(1983年4月29日)为23.8 mm(图5.5a)。

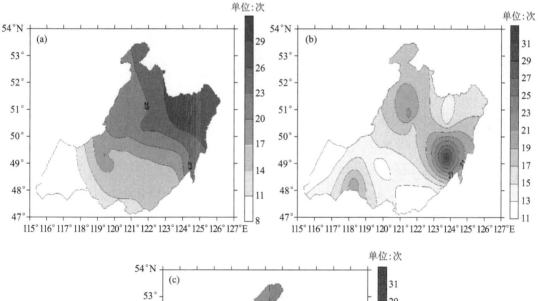

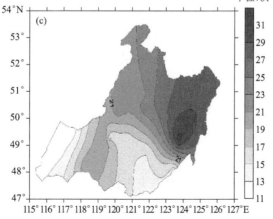

图5.5　各站日降雪量极值空间分布:(a)纯雪;(b)雨夹雪;(c)合计

101

小二沟镇、根河市、新巴尔虎左旗出现雨夹雪暴雪日降雪量超过 20 mm 的大暴雪,日降雪量分别为 31.7 mm(2007 年 4 月 20 日)、21.8 mm(2008 年 10 月 23 日)、20.6 mm(2007 年 3 月 24 日)(图 5.5b)。

如上所述,呼伦贝尔市共有 9 个站出现日降雪量超过 20 mm 的大暴雪,绝大多数出现在大兴安岭林区,其中鄂伦春旗 2 次、额尔古纳市 1 次、根河市 2 次、图里河镇 1 次、陈巴尔虎旗 1 次、莫力达瓦旗 1 次、小二沟镇 1 次、新巴尔虎左旗 1 次。最大值出现在小二沟镇(2007 年 4 月 20 日)为 31.7 mm;次值出现在鄂伦春旗(1997 年 10 月 20 日)为 27.7 mm(图 5.5c)。

5.5 暴雪分析

5.5.1 天气图主观分析

同为降水天气过程,暴雪的形成条件与暴雨类似,同样需要充足的水汽供应、强烈的上升运动以及较长的持续时间。因此在天气系统分析过程中,主要的影响系统,与暴雨并无二致。但由于暴雪发生于冬半年,因此分析时应当着重分析以冷空气为主导的系统。

5.5.1.1 天气系统分析

暴雪天气系统分析主要包括:位势高度场的槽线分析;温压场的冷涡分析;流场的切变线分析及低空急流识别;温度场的锋区识别;海平面气压场冷锋、暖锋与锋面气旋分析。

槽线:暴雪天气过程分析中,槽线应当定于低值系统等高线曲率最大处,倘若由于曲率均一或扰动浅平导致主观无法判断何处曲率最大,可叠加流线,穿等高线而过,将槽线定于流线气旋式切变最大处(图 5.6)。

冷涡:冬半年影响东北地区最强盛的高空系统为冷涡。对于闭合等高线,应当标注高低中心符号及相应位势高度数值,若闭合等高线范围过大导致主观无法判断中心准确位置,可叠加流线,将高低中心及数值标注于流线旋转式奇异点处(图 5.7)。

切变线:与暴雨不同,冬季由于冷空气活跃,切变线较少单独出现,往往与槽线相配合。若遇两高相互作用或低值系统过于狭长而无法分析槽线,此时可对流场进行分析,将切变线定于流线气旋式切变最大处。一般而言,切变线不穿等高线(图 5.8)。

低空急流:低空流场偏南、偏东气流风速明显高于四周的区域,分析低空急流,其临界风速为 12 m/s,若未达临界风速,则可分析显著流线。低空急流左侧往往对应低值系统中心,且切变线及辐合线活跃,有利于中小尺度系统发展、组织(图 5.9)。

高空急流:一般在高空流场风速超过 30 m/s 的区域,分析高空急流。冬季高空风场风速较大,因此可着重分析急流中心。高空急流左侧存在明显的气旋式切变,对应正涡度大值区,

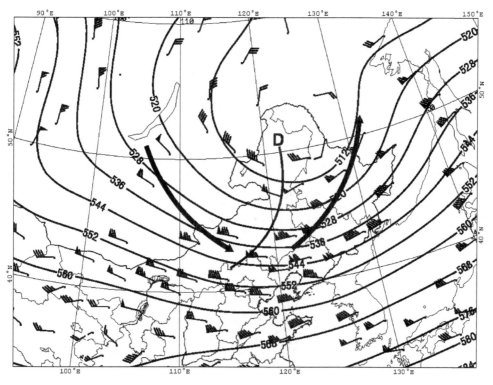

图 5.6　槽线

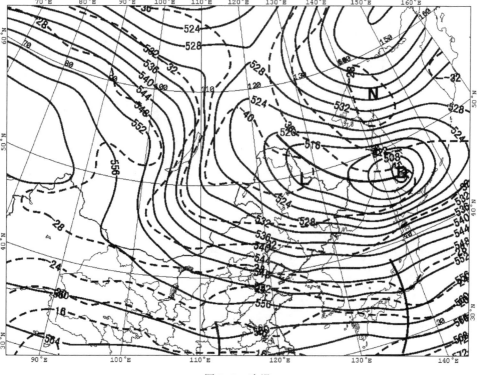

图 5.7　冷涡

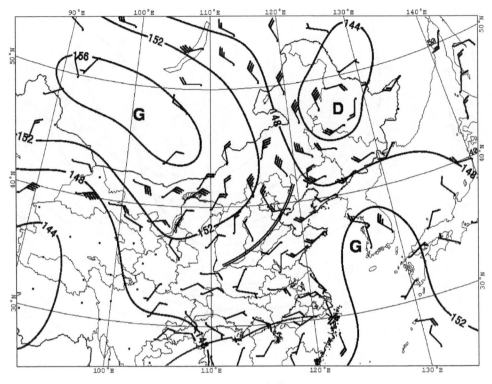

图 5.8　切变线

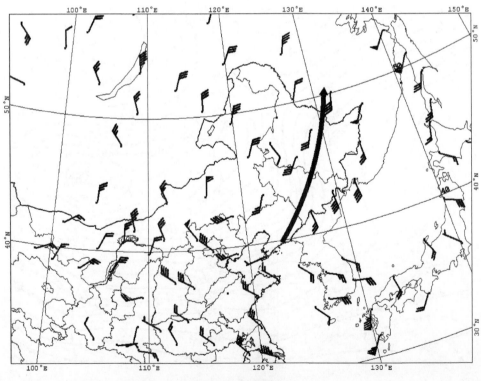

图 5.9　低空急流

其出口区左侧相应有正涡度平流,有利于垂直运动的产生(图 5.10)。

锋面气旋:温带气旋多由短波扰动叠加锋区促使有效位能释放导致扰动发展为涡动而产生。尚未锢囚的温带气旋往往呈"人"字型,此时冷暖锋可定于等压线气旋式曲率最大处;气旋发展至锢囚阶段后逐渐转为圆型,冷暖锋不易分析,此时可叠加温度、露点温度、风等地面要素进行冷暖锋辨识。冬季强冷空气活动往往伴随海平面气压场上冷高压南下,此时暖空气势力较弱,气旋难以形成,但冷空气前部依然有锋区存在,对应海平面气压场上冷高压前沿则有冷锋存在,不伴气旋与暖锋。此类冷锋南下过程中,暖空气势力逐渐增强,适当条件下可形成准静止锋,或遇地形阻挡,亦可形成准静止锋(图 5.11)。

低空锋区:春秋两季冷暖空气势力相当,往往在中纬度地区低空形成等温线密集带,即锋区。锋区内温度梯度较大,大气斜压性较强,储存了大量的斜压有效位能,一旦有短波扰动经过,即可促使有效位能释放,转化为扰动动能,促使扰动快速发展,形成大型涡动。通常而言,850 hPa 等压面上,10 个纬(经)距内等温线超过 5 根即温差超过 20 ℃,即可判定锋区存在,此时在等温线闭合区标准冷暖中心,冷中心向南伸展处分析冷槽、暖中心向北伸展处分析暖脊(图 5.12 虚线框内)。

5.5.1.2　水汽条件分析

与暴雨类似,暴雪天气过程的水汽条件分析同样分为水汽输送条件、水汽绝对含量、水汽饱和程度、水汽辐合程度四个部分,但数值远低于暴雨过程。大气中水汽多集中于对流层低层,故而水汽条件分析多限于 700 hPa 以下。

比湿:比湿是表征水汽绝对含量的物理量,降水的概率及强度多与比湿相关。冬季暴雪过程中,一般分析比湿场上,大于 3 g·kg^{-1} 的区域,以 1 g·kg^{-1} 为间隔,进行分析(图 5.13)。

相对湿度:相对湿度是表征水汽饱和程度的物理量。相对湿度大于 70% 即为湿区,大于 90% 即为饱和区,分别进行分析(图 5.14)。

比湿通量:比湿通量是表征水汽输送条件的物理量。在暴雪天气过程分析中,分析比湿通量时,一般大于 2 g·s^{-1}·hPa^{-1}·cm^{-1} 的区域,以 2 g·s^{-1}·hPa^{-1}·cm^{-1} 为间隔,进行分析,并叠加流场,标注湿轴。大气中水汽输送往往集中于低层,故而分析 925 hPa 与 850 hPa 两层等压面即可。湿轴前沿、比湿通量梯度大值区,多为水汽辐合区,易产生暴雪天气(图 5.15)。

比湿通量散度:比湿通量散度是表征水汽辐合程度的物理量,比湿通量散度的大小基本可以反映降水的强弱。比湿通量散度负值区即为水汽辐合区,故而可仅对比湿通量散度零线进行分析,并对负值中心进行标注。暴雪天气过程中,水汽辐合多集中于边界层中,因此多以 925 hPa 等压面分析为主(图 5.16)。

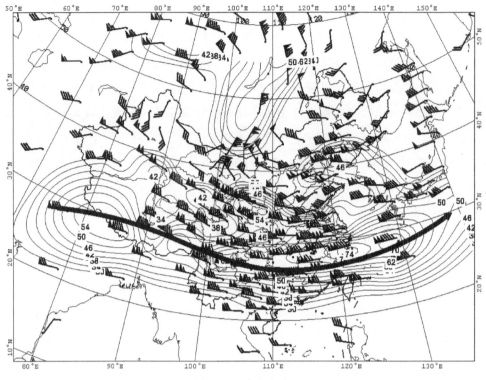

图 5.10　高空急流

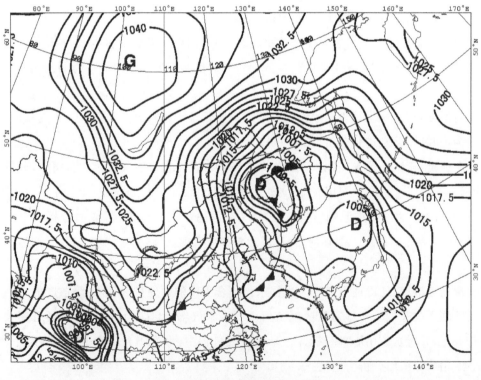

图 5.11　锋面气旋

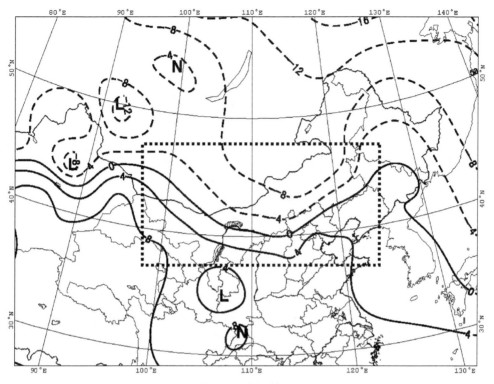

图 5.12　低空锋区

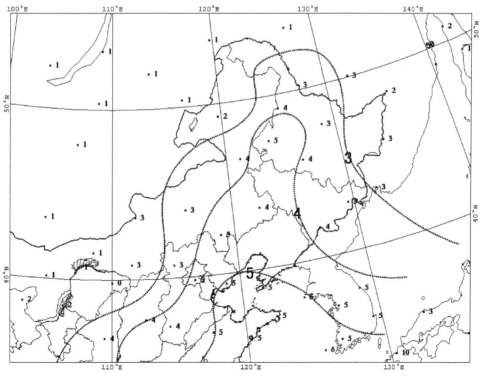

图 5.13　比湿分析(g · kg^{-1})

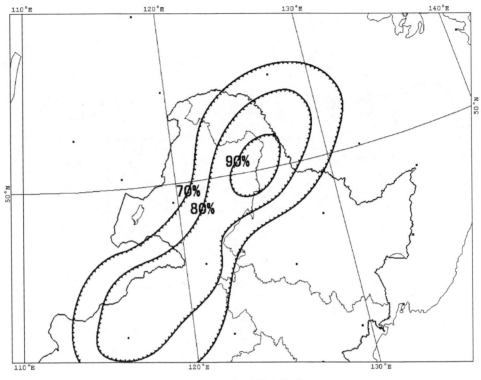

图 5.14　相对湿度分析

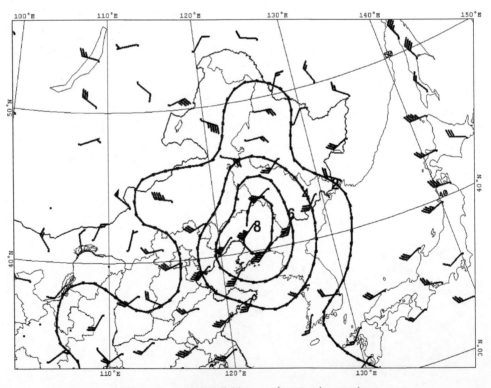

图 5.15　比湿通量分析(g・s^{-1}・hPa^{-1}・cm^{-1})

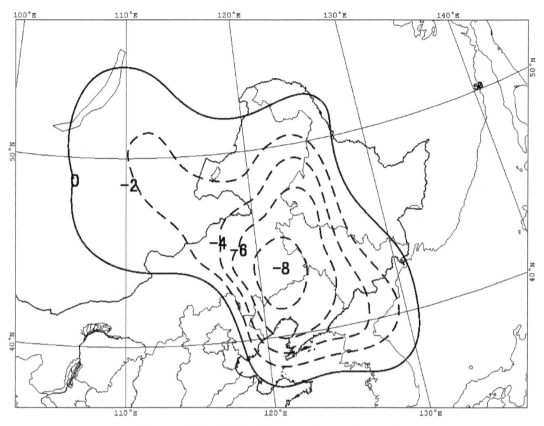

图 5.16　比湿通量散度分析（g・s^{-1}・hPa^{-1}・cm^{-2}）

5.5.1.3　上升运动条件分析

根据准地转动力学理论,大气垂直运动由涡度差动平流与温度平流共同作用产生,而大气准不可压特性表明垂直速度可由水平散度诊断得出。故而上升运动条件主要分析涡度平流、温度平流、散度及垂直速度。

涡度平流:低层涡度平流相对较弱,故而涡度差动平流的正负往往取决于高层涡度平流的正负。高层涡度平流正值区,往往对应垂直运动上升区,可对涡度平流零线进行分析,并对正值中心进行标注(图 5.17)。

温度平流:中低层温度平流正值区,往往对应垂直速度上升区,可对温度平流零线进行分析,并对正值中心进行标注(图 5.18)。

散度:低层辐合、高层辐散,大气准不可压特性产生补偿作用,引起上升运动,故而低层散度负值区与高层散度正值区叠置,对应上升运动。可对高、低两层散度零线进行分析,并对正、负中心分别标注(图 5.19)。

垂直速度:p 坐标下,垂直速度负值区即为上升运动,分析时可以阴影标注负值区,而后自下而上叠加多个层次进行判别(图 5.20)。

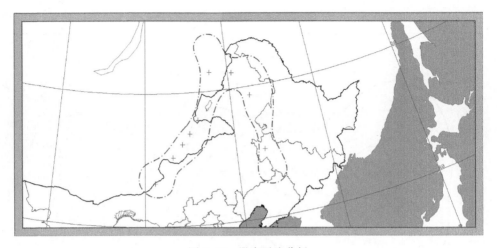

图 5.17　涡度平流分析

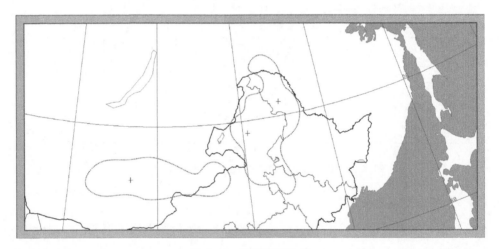

图 5.18　温度平流分析

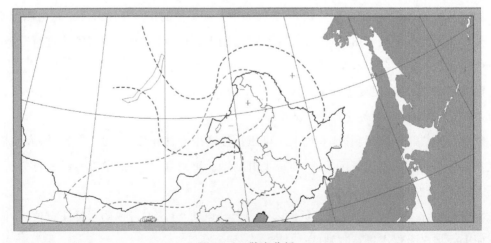

图 5.19　散度分析

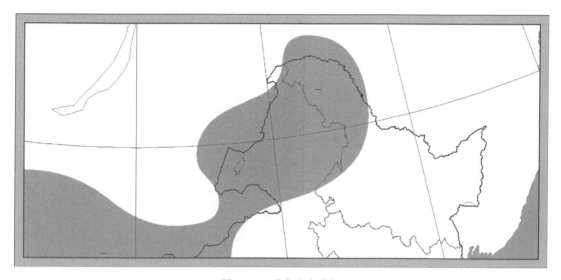

图 5.20　垂直速度分析

5.5.2　物理量客观诊断

暴雪物理量客观诊断阈值见表 5.3。

表 5.3　暴雪物理量客观诊断阈值

	925 hPa	850 hPa	700 hPa	500 hPa	300 hPa
垂直速度($Pa \cdot s^{-1}$)	$\leqslant-12$	$\leqslant-14$	$\leqslant-25$	$\leqslant-29$	
涡度($10^{-5} \cdot s^{-1}$)		4.6		2.8	
散度($10^{-5} \cdot s^{-1}$)			-1.58	-0.1	0.14
涡度差动平流$_{\Delta(500-850)}$($10^{-5} \cdot s^{-2}$)	13.0				
温度平流$_{\Delta(700-850)}$($10^{-5} \cdot K \cdot s^{-1}$)	7.45				
比湿($g \cdot kg^{-1}$)		$\geqslant4$	$\geqslant2$		
相对湿度(%)		$\geqslant90$	$\geqslant90$	$\geqslant90$	
比湿通量散度($g \cdot s^{-1} \cdot hPa^{-1} \cdot cm^{-2}$)		$\leqslant-40$	$\leqslant-20$	$\leqslant-10$	
与地面温差(K)			$\leqslant-10$	$\leqslant-20$	
与地面假相当位温差(K)			$\leqslant2$	$\leqslant0$	

5.5.3　技术流程

暴雪预报技术流程如图 5.21 所示：

(1)分析各等压面位势高度场,辨识可能引发降水产生的低值系统；

(2)分析各等压面流场,辨识切变、辐合以及低空急流；

(3)分析海平面气压场,辨识气旋、锋面、低压倒槽；

(4)分析各等压面温度场,辨识锋区及冷槽暖脊；

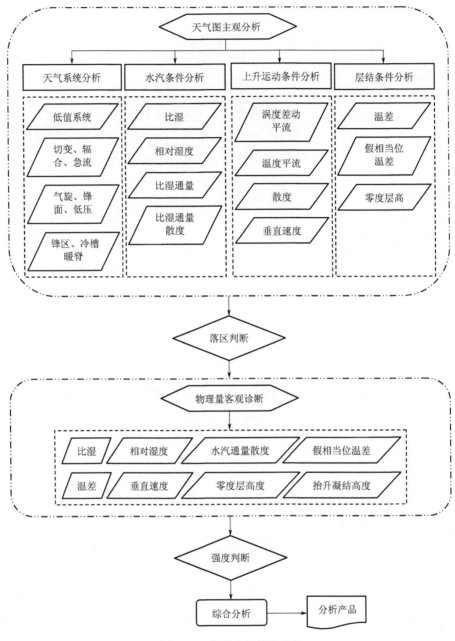

图 5.21　暴雪分析技术流程

（5）分析水汽条件，依次分析水汽绝对含量、水汽饱和程度、水汽输送条件、水汽辐合条件；

（6）分析上升运动条件，利用 ω 方程通过涡度差动平流与温度平流或利用连续方程通过各层散度对垂直速度进行诊断；

（7）分析层结条件，辨识不稳定层与暖云区；

（8）采用围区法对降水落区进行判断；

（9）对各物理量进行诊断，判断降水可能强度；

(10)综合分析结果,制作分析产品。

5.5.4 分析示例

2016 年 4 月 1 日暴雪天气过程

3 月 30 日 20:00,高纬地区,极涡偏向亚洲一侧,对应 500 hPa 有切断冷涡生成,高度场中心值为 516 dagpm,同时温度场上有－40 ℃的冷中心配合;低纬地区,副热带高压发展强盛,脊线稳定于 15°N,此时青藏高原由冷源逐渐转为热源,受其加热作用,500 hPa 有暖脊向北伸展,588 dagpm 线北伸越过 30°N。由于极涡与副高势力相当,东亚中纬地区整层始终处于平直偏西气流控制之中,80°～120°E 之间几乎没有南北热量、动量交换,导致南方热源更热,北方冷源更冷,使得中纬地区锋区加强,斜压有效位能得以储存,为后期短波扰动发展为大型涡动提供了有利条件(图 5.22)。

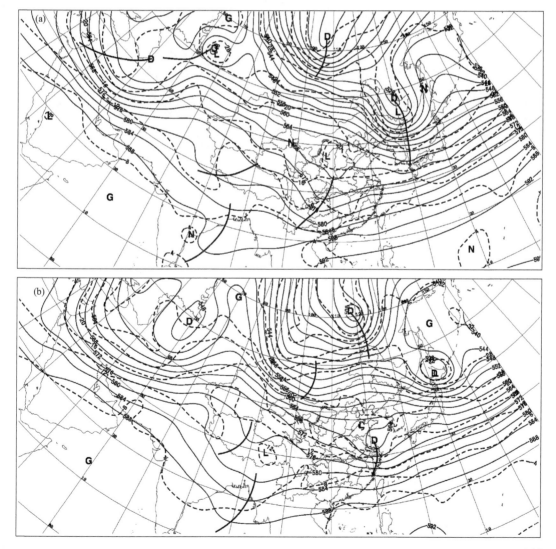

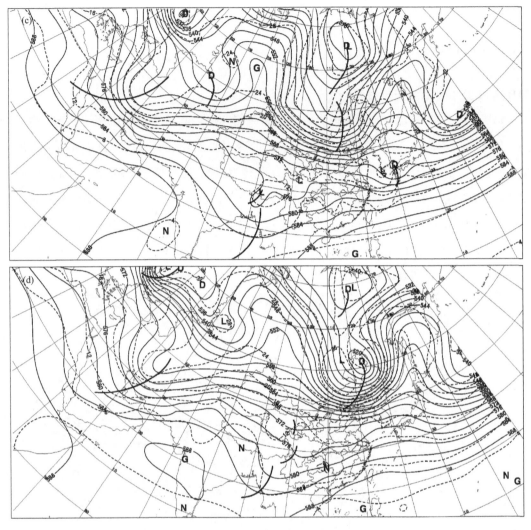

图 5.22　2016 年 4 月 1 日 500 hPa 环流形势演变：(a)3 月 30 日 08:00；
(b)3 月 31 日 08:00；(c)4 月 1 日 08:00；(d)4 月 2 日 08:00

　　与此同时，高层切断冷涡在低层 850 hPa 等压面上已呈现出热力不对称形态，主体在东
移南下过程中逐渐减弱填塞，而涡后尾部有一横向扰动叠加于低空锋区之上，海平面气压场
上则对应有明显横向低槽，扰动随冷涡东移而转竖，强冷平流侵入致使高度场加深，而斜压
有效位能释放转换为扰动动能又促使流场发展，短波扰动在东移过程中逐渐加深转为低涡，
造成此次暴雪天气过程。

　　3 月 31 日 08:00，极涡分裂形成的切断冷涡东移减弱，在低层槽后冷平流与高层槽前正涡
度平流的共同作用下，850 hPa 等压面上短波扰动迅速发展南下，与冷涡主体分离，不断加深，
至 3 月 31 日 20:00 形成低涡，中心值 136 dagpm，低涡叠加于锋区之上，呈现出典型的热力不
对称结构，并对应流场上完整的气旋式环流。海平面气压场上低压槽在低空暖平流作用下形
成东西向的低压带，与纬向锋区对应，低涡形成后，波动振幅增加，冷暖锋逐渐显现(图 5.23)。

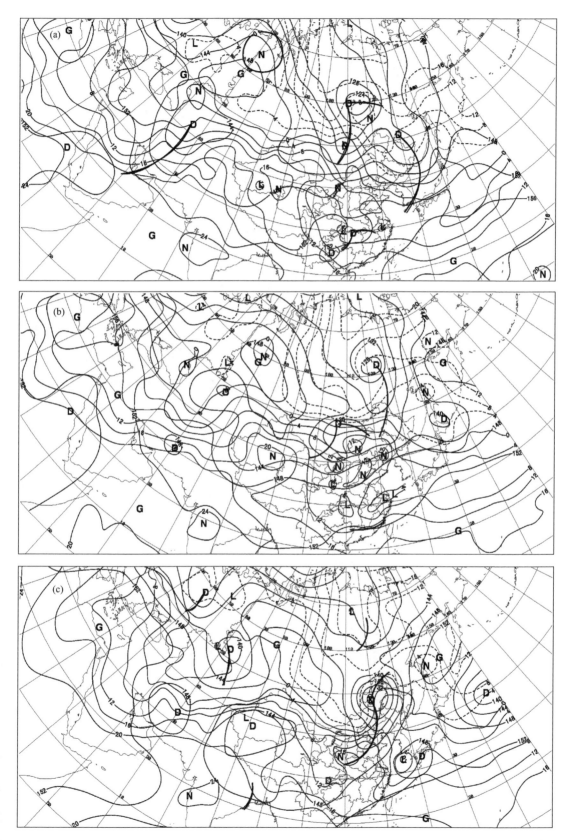

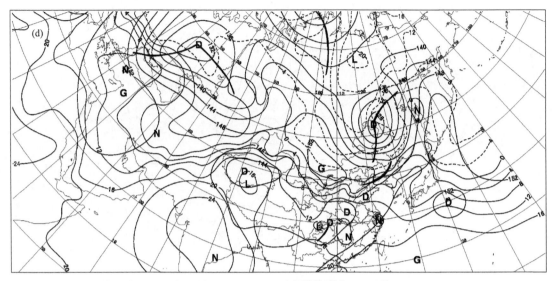

图 5.23　2016 年 4 月 1 日 850 hPa 环流形势演变：(a)3 月 30 日 08：00；
(b)3 月 31 日 08：00；(c)4 月 1 日 08：00；(d)4 月 2 日 08：00

　　4 月 1 日 08：00，低涡形成后，经向环流加强，一方面，冷平流更盛，致使低涡进一步发展，850 hPa 等压面中心值加深为 132 dagpm，另一方面，温度场上纬向锋区逐渐转为经向，形成明显的冷槽暖脊。此时海平面气压场上气旋已进入锢囚阶段，对比前一时次，尽管中心值均为 992.5 hPa 并无变化，但由于上游冷高与下游暖高同时加强，在两者共同作用下，等压线骤然增密，气压梯度突然加大，直接导致气旋爆发性加强。

　　4 月 2 日 08：00，上游阻高东移，迫使低涡北上，脊前偏北气流引导冷空气南下，导致锋区南压，两者共同作用，致使低涡与锋区分离，热力不对称结构遭到破坏，逐渐转为冷性，对应海平面气压场上，气旋已锢囚完成，冷暖锋面消失，开始逐渐进入消亡阶段，并在上游变性冷高的强迫下转向东北移动，动力与水汽条件相继转劣，降水趋于结束（图 5.24）。

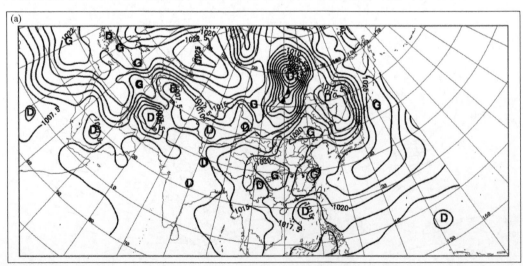

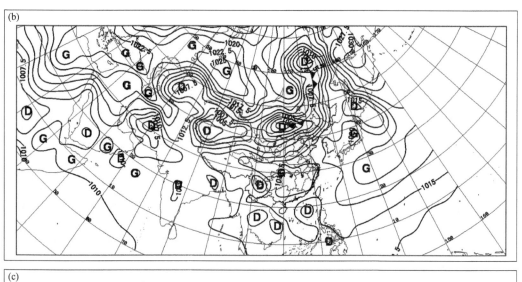

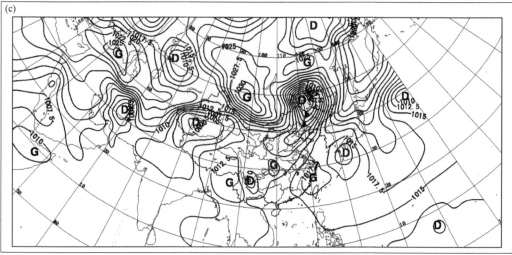

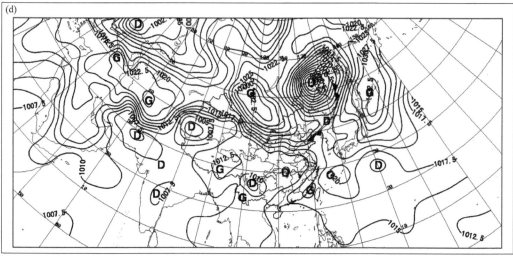

图 5.24　2016 年 4 月 1 日海平面气压场形势演变：(a)3 月 30 日 08：00；
(b)3 月 31 日 08：00；(c)4 月 1 日 08：00；(d)4 月 2 日 08：00

此次暴雪天气过程：高空直接影响系统为低空锋区上快速发展加深形成的低涡，地面直接影响系统则对应为锋面气旋；此外，低涡发展加深时对应高空有短波槽出现；低涡东移过程中受下游系统阻挡，其前部位势梯度加大，相应出现低空急流及边界层急流，急流出口区出现明显辐合线活动；高层则有高空急流出现（图 5.25）。

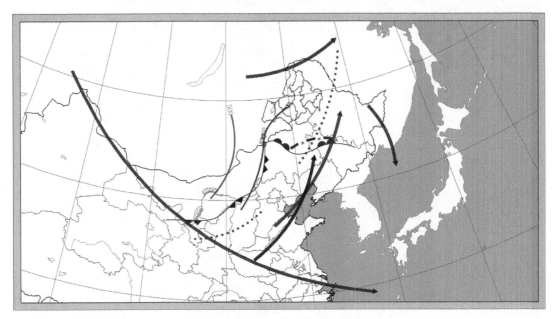

图 5.25 2016 年 4 月 1 日 08:00 天气分析

3 月 31 日 20:00，闭合低涡形成，并与南支波动同位相叠加，偏南低空急流显著加强，925 hPa 等压面上急流中心最大风速甚至超过 22 m·s^{-1}，由 25°N 向北贯穿至 45°N，致使水汽输送通道完全打开，自南海源源不断向北输送水汽，比湿通量中心位于 35°N，高达 15 g·s^{-1}·hPa^{-1}·cm^{-1}；至 4 月 1 日 20:00，比湿通量分布形态出现了明显变化：中心值趋于减弱，由 15 g·s^{-1}·hPa^{-1}·cm^{-1} 减小至 9 g·s^{-1}·hPa^{-1}·cm^{-1}，但其平均值则由 5 g·s^{-1}·hPa^{-1}·cm^{-1} 左右增大为 7 g·s^{-1}·hPa^{-1}·cm^{-1} 左右，换而言之，水汽通道更为"均匀"，这种比湿通量的分布形态表明水汽在输送过程中没有明显的辐合辐散，几乎全部水汽都被输送至通道"终点"即降水区（图 5.26）。

水汽输送通道的建立直接导致水汽局地含量增加：3 月 31 日 20:00，850 hPa 等压面比湿中心值超过 5 g·kg^{-1}，并且湿区明显向上伸展，表明水汽受到上升气流作用，由下而上进行扩散。

3 月 31 日 20:00，由于水汽的水平输送与垂直扩散，饱和程度突然加大，整层相对湿度均增加至 70% 以上，850 hPa 等压面上下由于暖平流作用，饱和程度稍差，但仍在 85% 以上，而边界层与中高层则增加至 95% 以上，基本处于饱和状态，这种整层饱和的大气状态一直持续到 4 月 2 日 20:00。

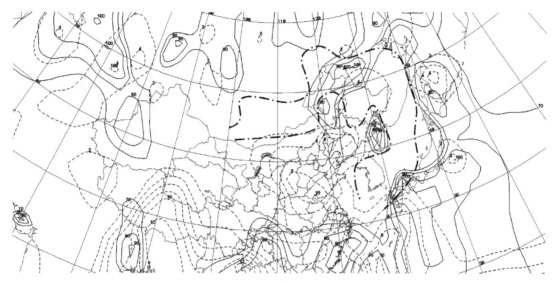

图 5.26　2016 年 3 月 31 日 20:00 925 hPa 比湿通量（虚线）、比湿（点线）、相对湿度（实线）叠加

根据 ω 方程可知，垂直运动由涡度平流随高度的变化、温度平流以及非绝热三种作用共同决定。忽略非绝热加热或冷却的作用，对于涡度平流随高度的变化，自 3 月 31 日 20:00 至 4 月 1 日 20:00，300 hPa 以下涡度平流始终随高度增大，并且在 400 hPa 附近出现了明显的梯度区；对于温度平流，自 3 月 31 日 20:00 至 4 月 1 日 20:00，100 hPa 以下均处于暖平流控制之中，并且在 700 hPa 附近与 200 hPa 附近各出现了中心值，分别为 2.5×10^{-4} K·s^{-1} 与 4.5×10^{-4} K·s^{-1}。由此可见，无论是动力因子还是热力因子，对垂直运动均产生了明显作用。

而根据连续方程可知，垂直运动由上下层的水平散度共同决定。对于水平散度，自 3 月 31 日 20:00 至 4 月 1 日 20:00，高低层始终维持着一对正负中心，其值分别为 3.5×10^{-5} s^{-1} 与 -5.5×10^{-5} s^{-1}，表明高层存在明显的辐散而低层存在明显的辐合，换而言之，高层质量流失而低层质量汇集，高低层水平运动的共同作用强迫空气抬升，产生强烈的垂直运动。

垂直速度可以更为直观地反映上升运动的剧烈程度：自 3 月 31 日 20:00 至 4 月 1 日 20:00，整层均处于垂直速度的负值区，而降水最强时段，其值一度超过 -75 Pa·s^{-1}，基本与暴雨过程中的垂直速度相当（图 5.27）。

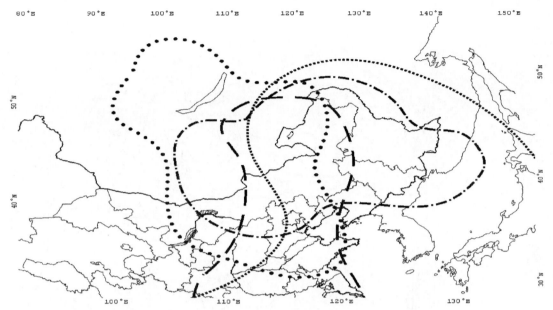

图 5.27　2016 年 3 月 31 日 20:00 涡度差动平流、温度平流、垂直速度分析

（点线代表涡度差动平流,虚线代表温度平流,虚点线代表垂直速度）

第6章 大风灾害影响及其分析

6.1 概述

一般把风速达到 6 级或以上的风称为大风。大风是一种破坏力很强的灾害性天气,常常会刮断电线、吹折电线杆、卷走塑料暖棚、使高杆作物大面积倒伏;大风往往会造成沙尘暴,形成"黄毛风",使能见度显著下降,对交通运输造成严重影响;在冬、春季节,如果暴雪与大风相伴随或大风将地面大量积雪卷起,就会形成"白毛风",使牲畜成群冻死,对畜牧业生产造成毁灭性打击。

呼伦贝尔市的大风天气主要出现在冬、春季节,尤以春季为甚。风是由于空气流动而形成的,大风则是空气大规模爆发性流动的结果。因此,在冬、春季节,大风天气往往是与冷空气大规模活动相联系的。低层空气大规模爆发性流动的能量主要来源于高层的动量下传,所以大风总是与高空急流相联系。研究表明,大风过程中始终伴随着明显的对流运动,铅直方向的次级环流是大风天气中动量下传的重要机制。

本章对呼伦贝尔市大风的气候特征进行概述,对造成大风的高空环流背景及地面影响系统进行归纳,对大风的物理成因进行探讨,对大风的预报方法进行总结。

6.2 定义标准

6.2.1 资料选取

选取呼伦贝尔市气象局辖下 16 个国家站(基准站、基本站、一般站)1961—2015 年共计 55 年日最大风速资料以及 2005—2015 年共计 11 年日极大风速资料,日界为北京时间 20:00。

6.2.2 定义标准

参照《风力等级》(GB/T 28591—2012)国家标准对大风进行定义。

大风:某观测日某国家站日最大风速达到或超过 10.8 m·s⁻¹ 或日极大风速达到或超

过 17.2 m·s^{-1} 即记为该日该站出现大风。

大风日：某观测日有 1 个或以上国家站出现大风，即记该日为大风日。一个或连续多个大风日均记为一次大风过程。

6.3 灾情实况

6.3.1 大风灾情

本章（表 6.1、表 6.2）所列大风灾情及其损失数据源自《中国气象灾害大典（内蒙古卷）》《呼伦贝尔市气象局历年气象灾害报表》《呼伦贝尔市气象局气象灾情普查表》（2007 年整理上报）。

表 6.1 呼伦贝尔市历次大风灾情影响时间及范围

开始日期	结束日期	受灾旗（市、区）	受灾镇（乡、苏木）
1955 年 5 月		莫力达瓦旗	全旗范围
		阿荣旗	全旗范围
1955 年 12 月		扎兰屯市	全市范围
1965 年 4 月 14 日	1965 年 4 月 16 日	扎兰屯市	全市范围
1966 年 10 月 26 日	1966 年 10 月 27 日	新巴尔虎右旗	全旗范围
		新巴尔虎左旗	全旗范围
1976 年 4 月 21 日	1976 年 4 月 23 日	新巴尔虎右旗	全旗范围
1985 年 4 月 6 日		满洲里市	全市范围
1985 年 5 月 23 日		莫力达瓦旗	全旗范围
1986 年 4 月 8 日	1986 年 4 月 10 日	鄂温克族自治旗	巴彦托海镇
		阿荣旗	全旗范围
1986 年 4 月 18 日		满洲里市	全市范围
1987 年 8 月 2 日		新巴尔虎右旗	贝尔苏木
1989 年 4 月 21 日		满洲里市	满洲里
1994 年 4 月 23 日		海拉尔区	奋斗乡
1995 年 5 月 17 日	1995 年 5 月 18 日	陈巴尔虎旗	全旗范围
		新巴尔虎左旗	全旗范围
1996 年 6 月 2 日		陈巴尔虎旗	特尼河苏木
1998 年 4 月 19 日	1998 年 4 月 21 日	陈巴尔虎旗	特尼河苏木
2003 年 4 月 21 日		牙克石市	全市范围
2004 年 7 月 21 日	2004 年 7 月 21 日	根河市	全市范围
2005 年 5 月 15 日	2005 年 5 月 16 日	牙克石市	全市范围
2005 年 7 月 18 日		额尔古纳市	拉布大林镇、恩和乡、黑山头镇、苏沁乡、室韦镇、三河乡

开始日期	结束日期	受灾旗(市、区)	受灾镇(乡、苏木)
2006 年 5 月 6 日		额尔古纳市	新城办事处、三河乡
2007 年 6 月 10 日		陈巴尔虎旗	全旗范围
2007 年 6 月 11 日		鄂伦春自治旗	阿里河镇、托扎敏镇、诺敏镇、古里乡、大杨树镇、乌鲁布铁镇
		阿荣旗	全旗范围
		扎兰屯市	萨马街乡、雅尔根楚镇、中和办事处
		额尔古纳市	黑山头镇、三河乡
		莫力达瓦旗	全旗范围
2007 年 6 月 25 日		阿荣旗	亚东镇、六合镇
		鄂伦春自治旗	乌鲁布铁镇、大杨树镇、诺敏镇
2007 年 7 月 9 日		牙克石	建设办事处
2007 年 7 月 25 日		鄂伦春自治旗	诺敏镇
		鄂伦春自治旗	小二沟镇
2008 年 7 月 8 日		新巴尔虎左旗	全旗范围
2009 年 6 月 27 日		新巴尔虎左旗	全旗范围
2010 年 6 月 13 日		阿荣旗	得力其尔乡
2010 年 7 月 18 日		阿荣旗	向阳峪镇
2012 年 6 月 24 日		新巴尔虎左旗	新宝力格苏木
2012 年 8 月 31 日		陈巴尔虎旗	哈达图镇、特尼河苏木
		额尔古纳市	拉布大林镇
2013 年 5 月 31 日		莫力达瓦旗	奎勒河镇
		鄂伦春自治旗	阿里河镇、大杨树镇、宜里镇、乌鲁布铁镇
2013 年 6 月 14 日		阿荣旗	六合镇、三岔河镇、亚东镇、霍尔奇镇、查巴奇乡
2013 年 6 月 17 日		莫力达瓦旗	全旗范围
2013 年 7 月 7 日		莫力达瓦旗	卧罗河办事处

6.3.2　大风灾害主要影响

1951—2015 年 65 年中,发生在呼伦贝尔市的 35 次致灾大风天气过程在一定程度上对农业、牧业及人民生产生活等方面造成影响,灾害共计造成直接经济损失达 16620.95 万元(表 6.2)。

6.3.2.1　农业影响

呼伦贝尔市灾害性大风天气对农业影响主要是造成大棚损害、农作物不同程度受灾,严重时使得农作物绝收。统计 1951—2015 年 65 年大风天气灾情发现,灾害性大风天气共造成

表6.2 各旗(市、区)大风灾害损失表

地区	日期	农业影响(公顷)				社会影响							牧业影响	经济损失(万元)	
		作物受灾面积	大棚损害	作物成灾面积	作物绝收面积	人口(人)			房屋(间)		其他		死亡大型牲畜(头)	农业经济损失	直接经济损失
						受灾	死亡	受伤	损坏	倒塌	电力损失	其他损失			
新巴尔虎右旗	1966年10月26—27日						18	30					35000		
	1976年4月21—23日												112000		
	1987年8月2日	6.7				28								4.7	
	1995年5月17—18日														
新巴尔虎左旗	2008年7月8日					135									55
	2009年6月27日				4				147						63.8
	2012年6月24日					5			6						1.2
满洲里市	1985年4月6日														23
	1986年4月18日														67
	1989年4月21日														4.8
鄂温克族自治旗	1986年4月8—10日					2			2	1					0.26
海拉尔区	1994年4月23日	20													
	1996年6月2日	267													
陈巴尔虎旗	1998年4月19—21日	15587									停电停产				
	2007年6月10日	700													30
	2012年8月31日	100												5212	
牙克石市	2003年4月21日			600	100										
	2005年5月15—16日				30				12						
根河市	2007年7月9日					1171			403		77.9				
	2004年7月21日											通讯中断			190.8

续表

地区	日期	作物受灾面积	大棚损害	作物成灾面积	作物绝收面积	受灾	死亡	受伤	损坏	倒塌	电力损失	其他损失	死亡大型牲畜（头）	农业经济损失	直接经济损失
		农业影响（公顷）				社会影响 人口（人）			房屋（间）		其他（万元）		牧业影响	经济损失（万元）	
额尔古纳市	2005年7月18日	41506		25613	20393	32			97	1	6	26.9	30000	3493.8	3629.6
	2006年5月6日								23						
	2007年6月11日														
	2012年8月31日	21010												4661	
	2007年7月25日				1040	1248			330						113.15
鄂伦春自治旗	2007年7月25日	833							124					62.5	96.37
	2007年6月11日	398	9			4269		2	214					120	1891.5
	2007年6月25日	35720		15720	5430	13043			294						1705
	2013年5月31日	7710				5179			10						1341.8
莫力达瓦达斡尔族自治旗	1985年5月23日	18676						19	231						800
	2007年6月11日	200		200	200	410			12						40
	2013年7月7日	333						1						221.7	
	2013年5月31日														
	2013年6月17日	3163								9					1300
阿荣旗	1986年4月8日													9	
	2007年6月11日	947				3588			256	10			180000	91.2	437
	2007年6月25日	3775			2301.2	34400			175	13				985	1008.5
	2010年6月13日								168						226
	2010年7月18日					36			30						20
	2013年6月14日	12780		10620	9347	15099			65	2				3705	3767
扎兰屯市	1955年12月								67						
	2007年6月11日														

农作物受灾面积 16.3448 万公顷,大棚损坏 9.33 公顷,农作物成灾面积 5.2753 万公顷,农作物绝收面积 3.8845 万公顷,共造成农业经济损失 18565.9 万元。

6.3.2.2　牧业影响

呼伦贝尔市灾害性大风天气对牧业影响相对较小,65 年 47 次致灾大风天气中,有 4 次对牧业造成影响,主要致使大牲畜死亡。1966 年 10 月 26—27 日发生在新巴尔虎右旗和新巴尔虎左旗的大风,致使 3.5 万头大牲畜死亡;1976 年 4 月 21—23 日同样在新巴尔虎右旗发生灾害性大风天气,致使 11.2 万头大牲畜死亡;2005 年 7 月 18 日,发生在额尔古纳市三河、黑山头、苏沁、室韦、拉布大林、恩和农牧场等地的雷雨大风天气,使得 3 万头大牲畜死亡;2007 年 6 月 11 日,在阿荣旗地区发生雷雨大风天气,使得 18 万头大牲畜死亡。65 年中,灾害性大风天气共造成大牲畜死亡头数共计 35.7 万。

6.3.2.3　社会影响

65 年来,呼伦贝尔地区灾害性大风天气共造成 7.8645 万人口受灾,1052 人受伤 18 人死亡;造成 6338 间房屋损坏,2662 间房屋倒塌;对电力通信也产生一定的影响,共造成损失 127.8 万元。

6.4　气候特征

6.4.1　各站大风频次

根据上述标准,对各站的大风资料进行统计,得出各站月、季、年大风日数(表 6.3)。

表 6.3　各站大风日数月、季、年平均(单位:次)

	博克图	牙克石	图里河	根河	额尔古纳	鄂伦春	小二沟	莫力达瓦旗	阿荣旗	扎兰屯	海拉尔	鄂温克	陈巴尔虎旗	满洲里	新巴尔虎右旗	新巴尔虎左旗
1 月	1.2	0.1	0	0	0	0	0	0	0.2	0.5	0.1	0.1	0.1	0.8	0.7	0.2
2 月	1.6	0.2	0	0.1	0.2	0	0.1	0.2	0.3	0.5	0.3	0.3	0.3	0.9	1	0.5
3 月	3.4	0.9	0.2	0.2	0.6	0.2	0.6	1.2	2.1	1.5	1.4	1.1	1.5	3.1	2.8	1.6
4 月	6.3	3.1	1.2	0.8	2.8	0.9	1.8	2.9	3.6	2.8	4.8	4	4.4	7.5	6.5	4.9
5 月	7.7	3.8	2	1.6	3.9	1.7	1.7	3	3.7	2.6	5.4	4.7	4.6	8.8	7.1	5.2
6 月	2.1	0.9	0.4	0.5	1.3	0.4	0.5	1.1	0.8	0.9	1.7	1.7	1.7	3.5	2.9	2.8
7 月	1.1	0.4	0.4	0.2	0.5	0.3	0.3	0.5	0.5	0.3	1.2	0.9	1	2.1	1.7	1.4
8 月	0.8	0.6	0.1	0.1	0.5	0.2	0.1	0.2	0.3	0.2	0.8	0.8	0.7	1.8	1.1	1.2
9 月	1.9	0.6	0.2	0.1	0.5	0.2	0.2	0.4	0.5	0.5	1.1	1.1	1	2.3	1.9	1.4
10 月	3.2	1	0.2	0.3	0.6	0.5	0.2	0.7	1.1	0.7	1.5	1.3	1.1	2.9	2.6	1.2
11 月	2.5	0.4	0	0	0.1	0	0.1	0.3	0.5	0.7	0.5	0.5	0.5	1.5	1.3	0.7

续表

	博克图	牙克石	图里河	根河	额尔古纳	鄂伦春	小二沟	莫力达瓦旗	阿荣旗	扎兰屯	海拉尔	鄂温克	陈巴尔虎旗	满洲里	新巴尔虎右旗	新巴尔虎左旗
12月	1.6	0.1	0	0	0	0	0	0.1	0.1	0.3	0.1	0.1	0.1	0.6	0.9	0.1
春季	17.2	7.8	3.4	2.6	7.3	2.8	4.1	7.1	9.4	6.9	11.6	9.8	10.5	19.4	16.4	11.7
夏季	4	1.9	0.9	0.8	2.3	0.9	0.9	1.8	1.6	1.4	3.7	3.4	3.4	7.4	5.7	5.4
秋季	7.6	2	0.4	0.4	1.2	0.5	0.5	1.4	2.1	1.9	3.1	3	2.6	6.7	5.8	3.3
冬季	4.4	0.4	0	0.1	0.2	0	0.1	0.3	0.6	1.3	0.5	0.5	0.5	2.3	2.6	0.8
全年	33.2	12.1	4.7	3.9	11	4.2	5.6	10.7	13.7	11.5	18.9	16.7	17	35.8	30.5	21.2

6.4.2 大风空间分布

6.4.2.1 大风日数空间分布

呼伦贝尔市地域广阔,地形复杂,大风出现的总体规律是南部多于北部,平原多于山区。呼伦贝尔市大风易发区域是呼伦贝尔高原,也就是牧区;次值区位于松嫩平原,即农区;大兴安岭地区是大风出现最少的地区。呼伦贝尔市大风平均日数在4~35天,其中满洲里最多,达到35.8天,根河最少,为3.9天(图6.1(a),表6.3)。

6.4.2.2 大风极值空间分布

就大风极值空间分布而言,与日数分布差异显著,各站极值,最大出现于莫力达瓦旗,29 m·s⁻¹,其次为牙克石,为29 m·s⁻¹,极值最小出现于小二沟与图里河,均为20 m·s⁻¹。(图6.1b,表6.4)

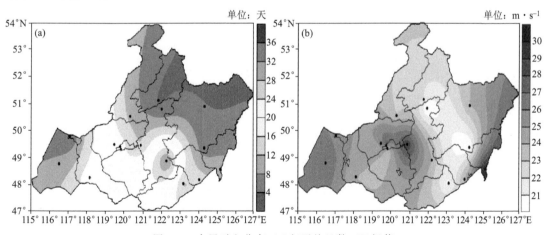

图6.1 大风时空分布:(a)年平均日数;(b)极值

表6.4 各站大风极值及其出现日期

	风速(m·s⁻¹)	风向	日期
博克图	24	W	1971-3-28
牙克石	29	WSW	1974-8-23

	风速(m・s⁻¹)	风向	日期
图里河	20	SW	1984-5-22
根河	22	NNE	1976-5-3
额尔古纳	23	S	1979-5-3
鄂伦春	24	W	1980-2-25
小二沟	20	ENE	1976-5-24
莫力达瓦旗	30	SSW	1975-4-23
阿荣旗	24	NNW	1983-4-29
扎兰屯	20.7	NE	1976-5-24
海拉尔	28	WNW	1978-3-27
鄂温克	23	WNW	1977-5-16
陈巴尔虎旗	25.3	WSW	1978-7-27
满洲里	25.7	WNW	1983-5-28
新巴尔虎右旗	27	N	1977-4-16
新巴尔虎左旗	24	WNW	1982-5-15

6.4.3 大风时间分布

6.4.3.1 大风的年代际变化

根据分析,近 55 年来全市的大风天气次数均呈现减少趋势,特别是从 20 世纪 80 年代至 21 世纪前 15 年几乎呈直线下降。平均来看,从 20 世纪 70 年代到本世纪前 15 年,大风频次几乎减少了三分之二(图 6.2)。

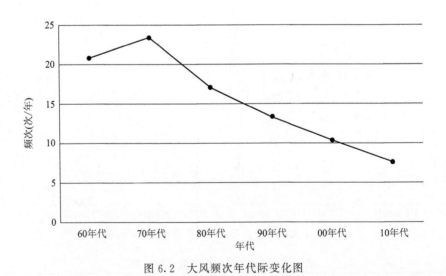

图 6.2 大风频次年代际变化图

6.4.3.2 大风的年际变化

通过分析全市各站大风频次的年际变化可以看出,1960—2014 年大风出现频次有小幅度波动,总体的趋势是先增加后减少,1977 年左右出现最大值 28 次/年,之后呈现递减的趋势,2006 年之后减少最为明显,2014 年出现仅有 4 次/年(图 6.3)。

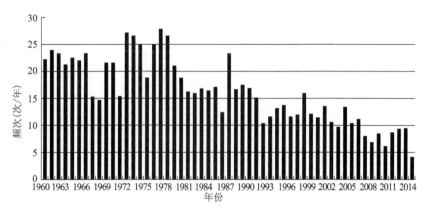

图 6.3　大风频次年际变化图

6.4.3.3　大风的月际分布

统计 1961—2015 年 16 站出现大风平均日数,各月出现大风的频次存在明显差别(图 6.4),分布图呈双峰结构,3 月开始大风日数剧增,6 月迅速减少,9 月又开始增加,直到 11 月,形成第二个峰值。按照季节分布,春季(3—5 月)最多,占全年大风总数的 59.1%,夏季 (6—8 月)和秋季(9—11 月)次之,分别占全年大风总数的 18.0% 和 17.0%,冬季(12—2 月) 最少,占全年的 5.9%。这与季节交替密切相关,春季是过渡季节,冷暖空气交换剧烈,导致大风频现。全市各站大风发生频次最多的月份和季节是一致的,但频次最少的月份和季节却不尽相同。以海拉尔为例,大风发生频次最多的月份是 5 月(5.4 次/月),最少的是 1 月和 12 月(0.1 次/月);最多的季节是春季(11.6 次/季),最少的是冬季(0.5 次/季)。

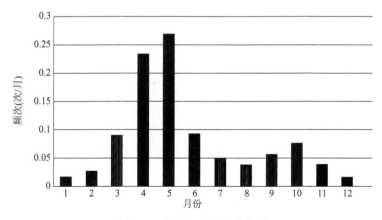

图 6.4　大风频次月际分布图

6.4.3.4 大风的日变化

大风具有明显的日变化。一般来说,大风主要出现在白天,尤以 10—16 时为最多,其最大值出现在 15 时左右,最少的出现在 21 时(图 6.5)。

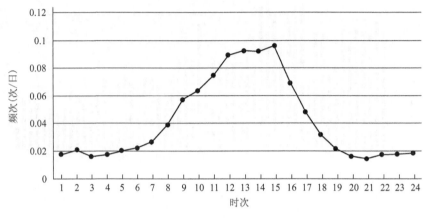

图 6.5 大风频次日变化图

6.5 大风分析

6.5.1 天气图主观分析

中高纬度地区,风、压场基本处于地转平衡或梯度平衡,故而风速、风向由气压梯度直接决定,地转偏差作为影响空气运动的重要因素,对风速、风向均有不可忽略的作用,而摩擦层中地转偏差基本由变压梯度决定,因此实际风往往为梯度风与变压风的合成。此外,低空急流所产生的动量下传作用以及天气尺度垂直环流所导致的环流加速作用对地面风速、风向均有不同程度影响。

6.5.1.1 天气系统分析

大风天气系统主要分析直接引起导致大风产生的地面系统,包括:地面冷锋、地面冷高压、地面低压。

冷锋:冷锋后多为气压梯度最大处,且锋后正变压显著,变压梯度同样较大,加之锋区两侧次级环流显著,故而冷锋后最易出现大风。冷锋可伴随暖锋及气旋同时出现,亦可单独出现(图 6.6)。

高压、低压:根据大尺度天气系统风压场适应关系,低压中心附近及高压外围区域风速较大。冬春两季冷空气南下,地面则配合有冷高压南压,其外围气压梯度相对较大,较易形成大风。气旋发展过程中,中心附近气压梯度迅速增大,同样较易形成大风(图 6.7)。

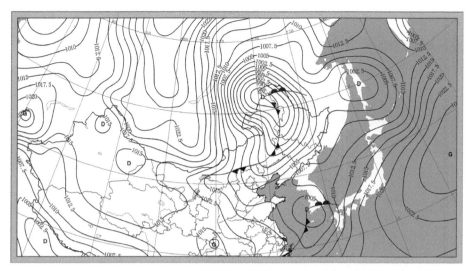

图 6.6　冷锋

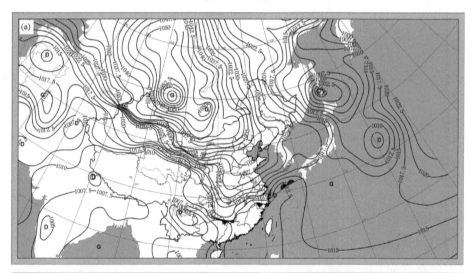

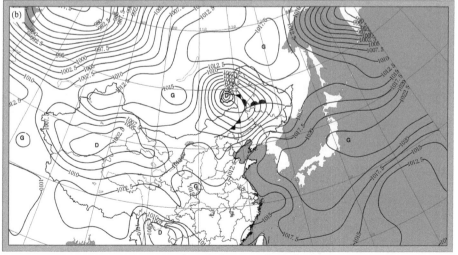

图 6.7　天气系统分析:(a)高压,(b)低压

6.5.1.2 气压梯度分析

如前所述,地面风速、风向基本取决于气压梯度。冬春两季,极锋锋区稳定于 50°N,锋区附近气旋、反气旋活动频繁,两者之间往往为等压线密集带,即气压梯度大值区。惯常而言,海平面气压场上,10 个纬(经)距内气压差超过 15 hPa,即可以 2.5 hPa 为间隔,对等压线进行分析,并标注高、低压中心及其数值(图 6.8)。

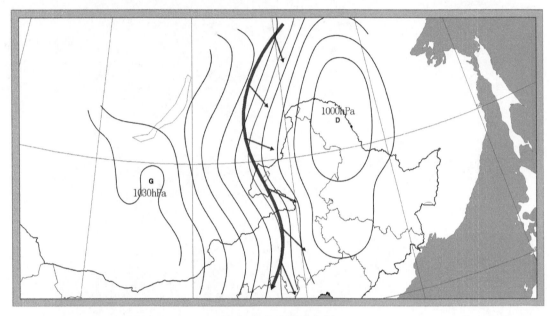

图 6.8 气压梯度分析

6.5.1.3 变压梯度分析

摩擦层中,地转偏差由两项决定,分别为摩擦力与变压风。前者仅对风向有所作用,后者则对风速、风向均有影响。实际风基本由梯度风与变压风合成而得。惯常而言,3 h 变压场上,10 个纬(经)距内变压差超过 5 hPa,即可以 1 hPa 为间隔,对等变压线进行分析(图 6.9)。

6.5.1.4 动量下传分析

尽管目前尚无观测事实或数值模拟结果证实,但大风天气过程中存在动量下传作用已普遍得到认可。边界层内,风速越大,湍流混合作用越强,大气往往趋于中性,有利于空气分子在垂直方向自由上升或下沉,此时若有急流存在,则高速空气分子可自由下降至地面,宏观上,即表现为低空动量传递至地面。同样可以 12 m/s 为临界风速,在 925 hPa 或 850 hPa 等压面上分析低空急流(图 6.10),并以 4 m/s 为间隔分析等风速线。此外尚须分析假相当位温垂直廓线,低层垂直结构表明低空层结趋于中性,有利于动量下传。惯常而言,偏北急流由于水汽含量较低,更易形成中性层结。

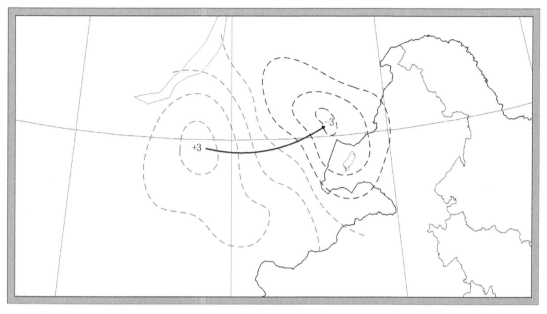

图 6.9　变压梯度分析

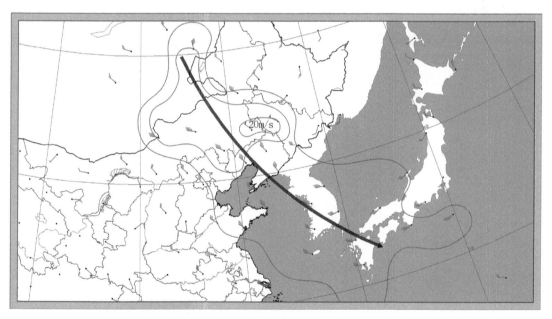

图 6.10　低空急流分析

6.5.1.5　次级环流分析

低空锋区两侧气团属性差异显著,冷侧多下沉运动而暖侧多上升运动,因此在锋区两侧较易形成垂直于锋区的次级环流,地面附近环流加速度由冷区指向暖区,对偏北大风多有加成作用。故而可于 925 hPa 或 850 hPa 等压面上分析低空锋区及其两侧垂直速度(图 6.11、图 6.12)。

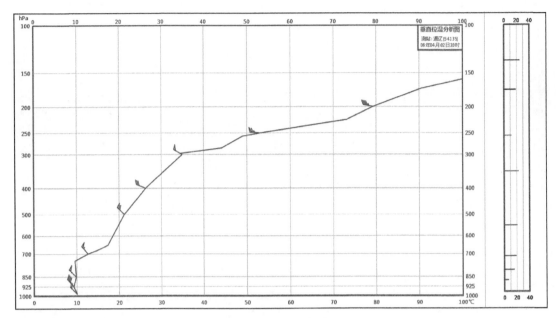

图 6.11　层结条件分析

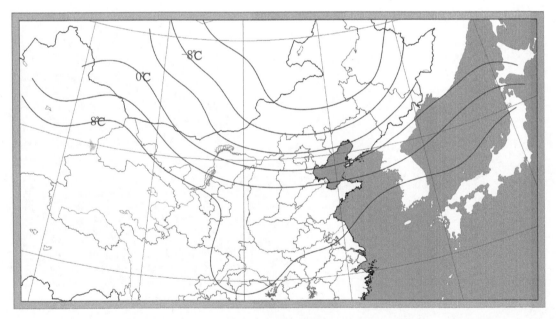

图 6.12　锋区分析

此外,根据 ω 方程,忽略非绝热作用,垂直速度基本取决于涡度差动平流、厚度平流,而低空厚度平流作用则更为显著,故而可分析 850 hPa 与 925 hPa 两等压面之间厚度平流,若有正负中心成对出现时,则暖平流区上升、冷平流区下沉,更易形成次级环流(图 6.13、图 6.14)。

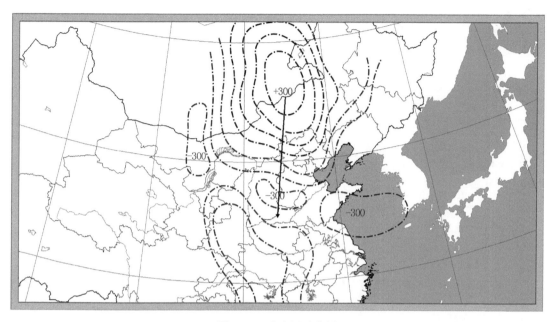

图 6.13　垂直运动分析

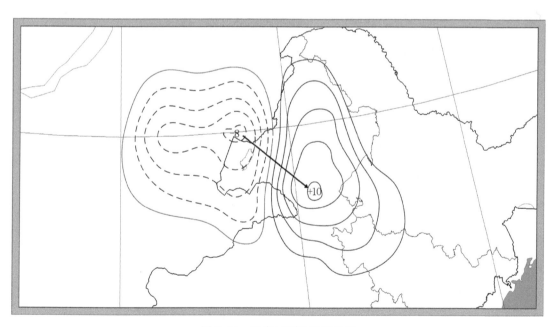

图 6.14　温度(厚度)平流分析

6.5.2 物理量客观诊断

大风物理量客观诊断阈值见表 6.5。

表 6.5 大风物理量客观诊断阈值

	地表	925 hPa	850 hPa	700 hPa
气压梯度(hPa·$(10°)^{-1}$)	≥15			
变压梯度(hPa·$(10°)^{-1}$)	≥5			
位势高度梯度(dagpm$(10°)^{-1}$)		≥16	≥20	≥24
风速(m·s^{-1})		≥12	≥16	≥20
温度梯度(K·$(10°)^{-1}$)		≥20	≥20	≥16
与地面假相当位温差(K)		≤0	≤0	
垂直速度梯度(Pa·s^{-1}·$(10°)^{-1}$)		≥5	≥5	
温度平流梯度(K·s^{-1}·$(10°)^{-1}$)		≥100	≥100	

6.5.3 技术流程

大风预报技术流程如图 6.15 所示:

(1)分析低空各等压面位势高度场,预判大风出现可能;

(2)分析海平面气压场,辨识冷锋、高压、低压;

(3)分析低空各等压面位势高度场梯度,分析海平面气压场梯度;

(4)分析低空各等压面位势高度场变高,分析海平面气压场变压;

(5)分析低空急流及层结条件,判断动量下传是否存在;

(6)分析锋区及其两侧垂直速度或温度平流,判断次级环流是否存在;

(7)定性预报/诊断大风潜势;

(8)对各物理量进行诊断,定量预报/诊断风力等级;

(9)综合分析结果,制作分析产品。

6.5.4 分析示例

2016 年 4 月 7 日大风天气过程

500 hPa 环流形势:

4 月 6 日 08:00,欧亚大陆中高纬度为两槽一脊环流形势,低纬度地区环流较为浅平,副高势力及位置相对稳定,呼伦贝尔处于较为平直的偏西气流控制之中,极涡分裂南下,稳定于 60°～70°N 附近,底部有短波槽旋转划过(图 6.16(a));

4 月 6 日 20:00,短波槽在旋转东移过程中受其后部冷平流影响逐渐加深(图 6.16(b));

4月7日08:00完全形成切断,由于副高持续稳定,导致冷暖空气之间锋区加强,气旋快速发展,维持至4月7日20:00(图6.16(c)、(d))。

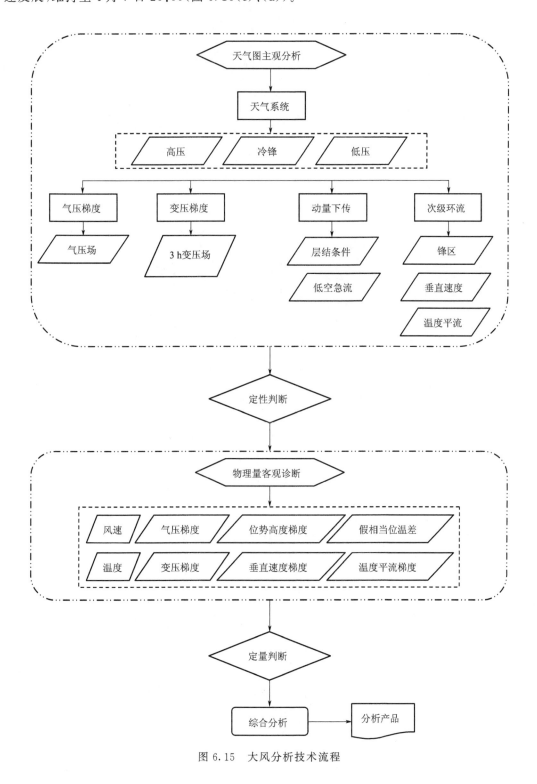

图6.15 大风分析技术流程

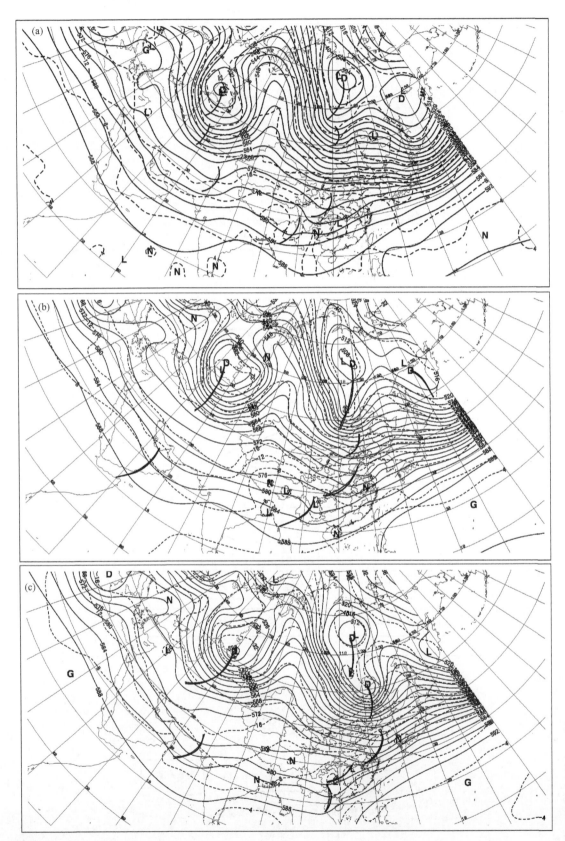

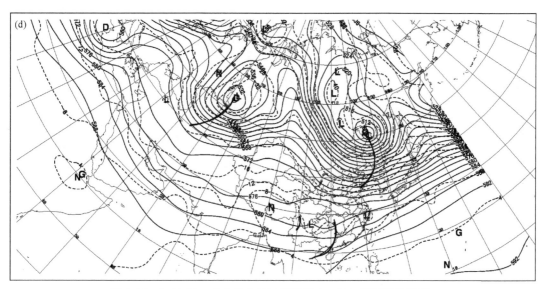

图 6.16 2016 年 4 月 7 日大风天气过程 500 hPa 环流形势演变:

(a)6 日 08:00;(b)6 日 20:00;(c)7 日 08:00;(d)7 日 20:00

850 hPa 环流形势:

4 月 6 日 08:00,极涡分裂南压导致冷空气南下,极锋锋区强盛稳定,低层扰动叠加锋区,促使有效位能释放,转化为扰动动能(图 6.17(a));

4 月 6 日 20:00,短波扰动形成闭合低涡,并快速发展加深(图 6.17(b));

4 月 7 日 08:00,高度场已出现 4 根闭合等高线,低涡呈现出明显的热力不对称形态,持续加深,一直到 4 月 7 日 20:00 达到最强(图 6.17(c)、(d))。

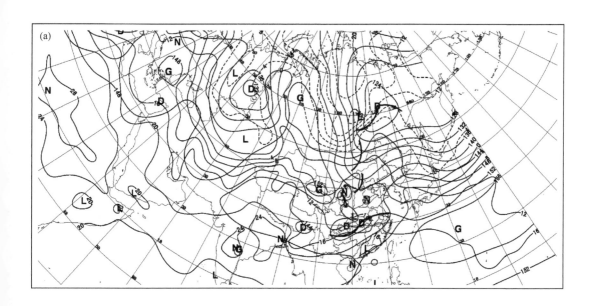

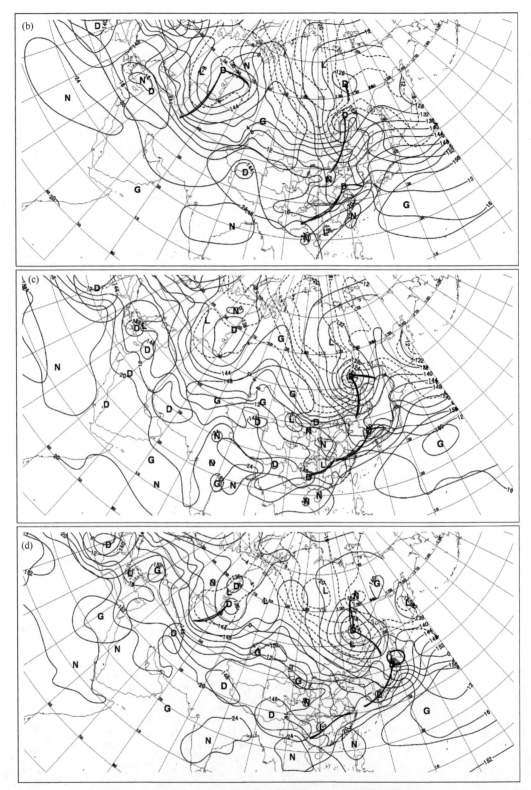

图 6.17　2016 年 4 月 7 日大风天气过程 850 hPa 环流形势演变：
(a)6 日 08:00;(b)6 日 20:00;(c)7 日 08:00;(d)7 日 20:00

海平面气压场:

4月6日08:00,高空槽前暖平流与正涡度平流区相应出现南北向低压带,冷锋较弱、暖锋不显(图6.18(a));

4月6日20:00,随着锋区加强、扰动发展,地面气旋相应加强,并且出现明显旋转环流,冷暖锋面随之加强(图6.18(b));

4月7日08:00,气旋逐渐开始锢囚,此时气旋中心气压已降至985 hPa,冷锋后部气压梯度剧增,10纬距内气压差高达25 hPa(图6.18(c));

4月7日20:00,气旋东移过程中强度略有减弱,中心偏离(图6.18(d))。

如前所述,气旋进入锢囚阶段后,强度达到最盛,气压梯度高达2.5 hPa/°,若忽略地面摩擦影响,对地转风速进行估算,此时由气压梯度产生的梯度风已高达20 m/s,而气旋前后

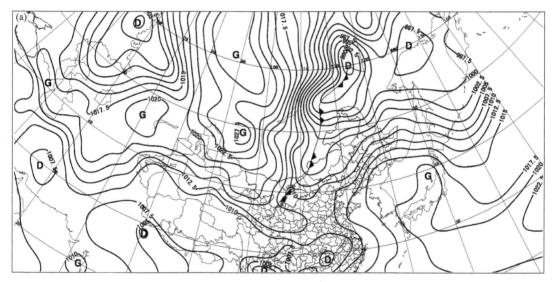

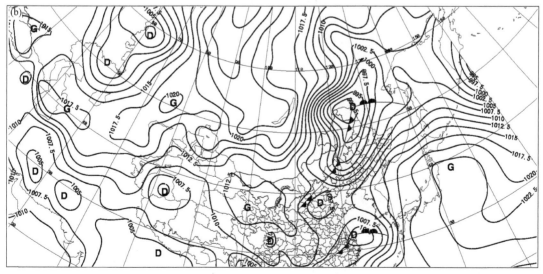

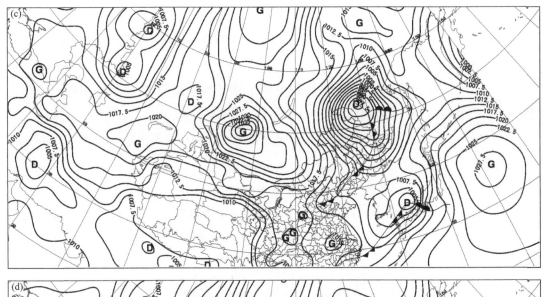

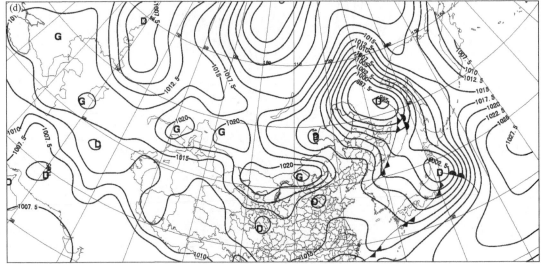

图 6.18　2016 年 4 月 7 日大风天气过程海平面气压场形势演变：

(a)6 日 08：00；(b)6 日 20：00；(c)7 日 08：00；(d)7 日 20：00；

受冷暖平流及正负涡度差动平流共同影响，出现了明显的变压中心，变压梯度亦达 0.5 hPa/°(图 6.19、图 6.20)。

受上游高压脊发展东移影响，低层低涡后部位势高度梯度加大，导致风速加大，急流建立，850 hPa 中心风速高达 28 m/s，此时地面至 600 hPa 假相当位温线近乎垂直，表明中低空大气层结维持中性，十分有利于动量下传(图 6.21、图 6.22)。

低涡及气旋发展过程中，始终处于热力不对称形态中，温度场冷槽暖脊十分明显，温度槽区中冷平流产生下沉运动，温度脊区中暖平流产生上升运动，且垂直速度正负中心相距极近，次级环流显著，地面附近流场由冷区指向暖区(图 6.23、图 6.24)。

上述四类因子共同作用，导致地面产生大风。

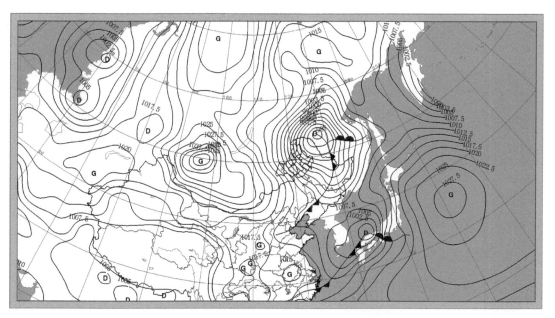

图 6.19　2016 年 4 月 7 日 20:00 气压梯度分析

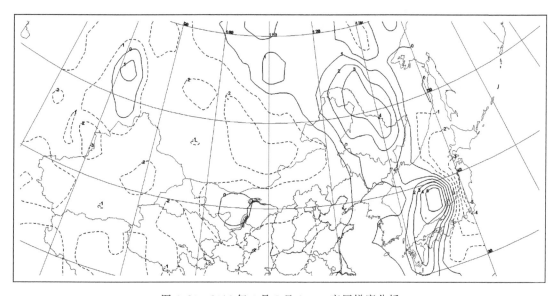

图 6.20　2016 年 4 月 7 日 20:00 变压梯度分析

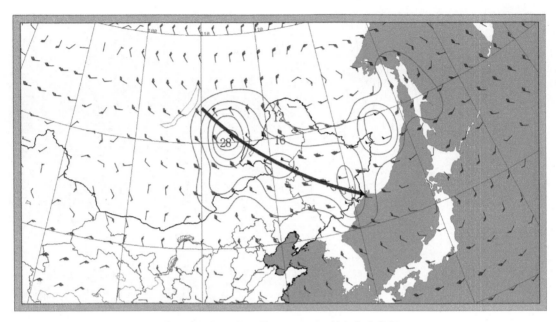

图 6.21 2016 年 4 月 7 日 20:00 低空急流分析

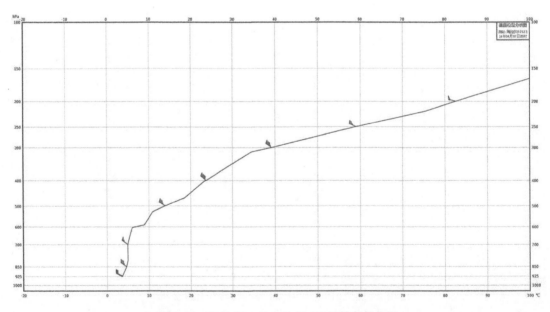

图 6.22 2016 年 4 月 7 日 20:00 层结条件分析

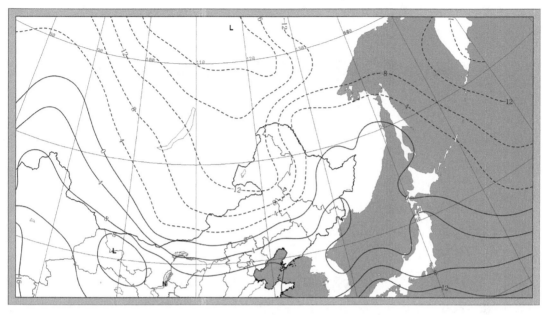

图 6.23　2016 年 4 月 7 日 20:00 锋区分析

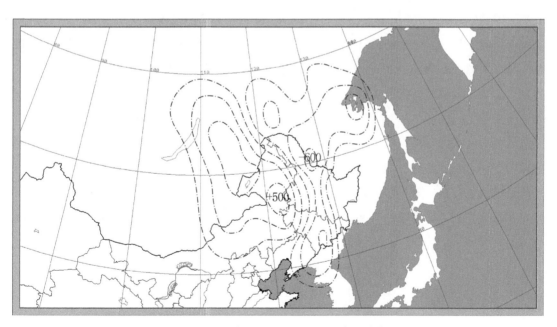

图 6.24　2016 年 4 月 7 日 20:00 垂直运动分析

第 7 章　寒潮灾害影响及其分析

7.1　概述

寒潮天气过程是极地或高纬度地带强冷空气向南爆发的过程。寒潮过程以剧烈降温为主要特征,同时也往往伴有大风、沙尘暴和暴雪等灾害性天气,往往能引发多种严重的气象灾害,对农业、牧业、工业、交通和人民生活都有很大影响。初秋、晚春时节的剧烈降温会产生霜冻灾害,对农作物造成严重危害。如 1972 年 5 月 12—15 日的寒潮过程在内蒙古西部造成强降温,最低气温达到 −3 ℃,致使玉米幼苗大量冻死。1980 年 4 月 18 日全区出现大风寒潮天气,大部地区风力达到 7~9 级并伴有沙尘暴,24 h 气温下降了 8~10 ℃,黄河浮桥被大风刮断,公路中断,已开始的春播被迫停止,已播下的种子被沙土埋压,果树花蕾被刮掉或冻死,经济损失很大。2010 年 1 月 1—3 日,内蒙古中东部遭到暴风雪寒潮袭击,灾区风力达到 9 级,气温急剧下降到 −30 ℃ 以下,大部地区积雪厚度超过 30 cm,最大积雪厚度近1 m,大雪寒潮造成数万牲畜冻死,暴风雪还造成公路、铁路交通中断,数十趟列车几万名旅客被困。由于寒潮对社会经济发展和人民生活有着重大影响,因此及时准确做好寒潮天气预报至关重要。

呼伦贝尔市的寒潮天气主要集中在冬半年(9 月—翌年 5 月)。由于寒潮冷空气的来源和路径不同,造成寒潮天气的大型环流背景及影响系统也不尽相同,所以寒潮天气预报具有一定难度。本章从呼伦贝尔市寒潮的气候特征入手,通过分析寒潮历史个例,归纳出造成呼伦贝尔市寒潮的主要环流形势和影响系统,探讨形成呼伦贝尔市寒潮的物理机制和寒潮预报方法。

7.2　定义标准

7.2.1　资料选取

选取呼伦贝尔市气象局辖下 16 个国家站(基准站、基本站、一般站)1961—2015 年共计55 年日最低气温资料,日界为北京时间 20:00。

7.2.2　定义标准

参照《冷空气等级》(GB/T 20484—2006)国家标准与《寒潮等级》(GB/T 21987—2008)国家标准,根据呼伦贝尔气候特点,考虑冷空气爆发性,本章将寒潮天气划分寒潮、强寒潮、特强寒潮三个等级。

寒潮:某观测日内某国家站日最低气温较前一观测日降幅达到或超过 8 ℃,且该日该站日最低气温低至 4 ℃或以下,即记该日该站出现寒潮。

强寒潮:某观测日内某国家站日最低气温较前一观测日降幅达到或超过 10 ℃,且该日该站日最低气温低至 2 ℃或以下,即记该日该站出现寒潮。

特强寒潮:某观测日内某国家站日最低气温较前一观测日降幅达到或超过 12 ℃,且该日该站日最低气温低至 0 ℃或以下,即记该日该站出现寒潮。

寒潮日:某观测日内有 1 个或以上国家站出现寒潮,即记该日为寒潮日。一个或连续多个寒潮日均记为一次寒潮过程。

7.3　灾情实况

7.3.1　寒潮灾情

本章(表 7.1、表 7.2)所列寒潮灾情及其损失数据源自《中国气象灾害大典(内蒙古卷)》。呼伦贝尔地理位置偏东、偏北,冷空气爆发南下时,取道往往偏南,加之冬季基础温度过低,故而致灾寒潮较为少见。

7.1　呼伦贝尔历次寒潮灾情影响时间及范围

开始日期	结束日期	受灾旗(市、区)	受灾镇(乡、苏木)
1971 年 3 月 28 日	1971 年 4 月 1 日	新巴尔虎右旗	全旗范围
1981 年 5 月 9 日	1981 年 5 月 11 日	新巴尔虎左旗	全旗范围
1996 年 12 月 31 日	1997 年 1 月 1 日	新巴尔虎右旗	全旗范围
		新巴尔虎左旗	全旗范围
		鄂温克族自治旗	全旗范围
		陈巴尔虎旗	全旗范围
1999 年 10 月 27 日	1999 年 10 月 29 日	新巴尔虎右旗	全旗范围
2000 年 1 月 3 日	2000 年 1 月 5 日	新巴尔虎右旗	全旗范围
		新巴尔虎左旗	全旗范围
		鄂温克族自治旗	全旗范围
		陈巴尔虎旗	全旗范围

7.3.2 寒潮灾害主要影响

1951—2015 年 65 年中,发生在呼伦贝尔市的 5 次致灾寒潮天气过程在一定程度上对农业、牧业及人民生产生活产生等方面造成影响。

7.3.2.1 农业影响

呼伦贝尔市灾害性寒潮天气对农业有一定影响。

7.3.2.2 牧业影响

呼伦贝尔市灾害性寒潮天气对牧业影响相对较大,5 次致灾寒潮天气中,有 2 次对牧业造成影响,主要致使大牲畜死亡。1981 年 5 月 9—11 日发生在新巴尔虎左旗的寒潮,致使 7000 头大牲畜死亡;1999 年 10 月 27—29 日全市发生灾害性寒潮天气,致使 7200 头大牲畜死亡。65 年中,灾害性大风天气共造成大牲畜死亡头数共计 14200 头。

7.3.2.3 社会影响

呼伦贝尔市灾害性寒潮天气对人民生产生活有一定影响。

表 7.2 各旗(市、区)寒潮灾害损失表

地区	日期	农业影响				社会影响							牧业影响	经济损失	
		作物受灾面积	大棚损害	作物成灾面积	作物绝收面积	人口			房屋		其他		死亡大型牲畜(头)	农业经济损失	直接经济损失
						受灾	死亡	受伤	损坏	倒塌	电力损失	其他损失			
新巴尔虎左旗	1981 年 5 月 9—11 日												7000		
新巴尔虎右旗	1999 年 10 月 27—29 日												7200		

7.4 气候特征

7.4.1 寒潮空间分布

1961—2015 年 55 年来,呼伦贝尔市大部分地区寒潮发生总次数超过 300 次。北部发生次数较多,其中根河市、图里河镇发生次数超过 1000 次;西南部发生次数较少,如扎兰屯市、阿荣旗和新巴尔虎右旗发生次数不足 200 次(图 7.1(a))。

全市大部分站点年平均次数小于 20 次,只有图里河镇和根河市年平均次数超过 20 次,分别为 24 次和 22 次,牧区和农区各站点年平均次数小于 10 次,其余各站寒潮发生年平均次数介于 10~20 次(图 7.1(b))。

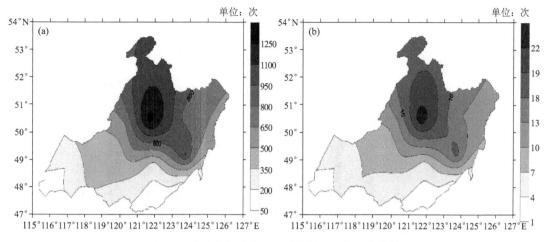

图 7.1　寒潮空间分布：(a)总次数；(b)年平均次数

7.4.2　寒潮年际变化

呼伦贝尔市寒潮的年际变化呈现出明显的波动性,总体上呈现出逐年减少的趋势。寒潮发生最多年份为 1979 年,为 14.4 次/站。20 世纪 60 年代寒潮最多,从 70 年代开始到 90 年代寒潮呈明显减少趋势,90 年代发生次数最少,从 20 世纪 90 年代到 21 世纪前 10 年寒潮又呈现出增多趋势(图 7.2)。

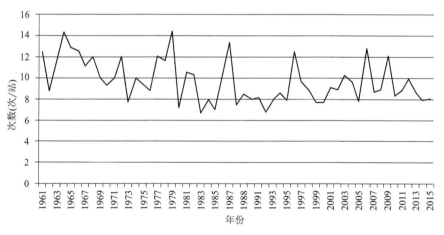

图 7.2　寒潮次数年际变化

7.4.3　寒潮月际分布

呼伦贝尔市寒潮在各月均有发生(图 7.3),主要发生在 10 月到翌年 3 月。3 月寒潮发生次数最多为 82 次/站,占总次数的 15.4%;8 月次之为 71 次/站,占总次数的 13.3%;2 月寒潮次数为 61 次/站,占总次数的 11.4%;12 月寒潮次数为 53 次/站,占总次数的 10.0%;

其余各月寒潮发生次数占总次数比例均少于 10%,其中 6—8 月寒潮发生次数最少(表 7.3)。

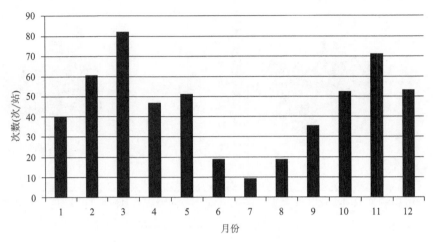

图 7.3　寒潮次数月际分布

表 7.3　各站逐月寒潮频次

	1 月	2 月	3 月	4 月	5 月	6 月	7 月	8 月	9 月	10 月	11 月	12 月
阿荣旗	0.2	0.3	0.5	0.4	0.5	0.1	0	0	0.3	0.2	0.4	0.3
博克图镇	0.1	0.2	0.5	0.5	0.6	0.4	0.1	0.3	0.4	0.5	0.6	0.3
陈巴尔虎旗	0.6	1.1	1.5	0.6	0.9	0.1	0	0.1	0.4	0.6	1.1	1.1
额尔古纳市	0.8	1.3	1.9	0.6	1.2	0.4	0.1	0.4	0.9	1.2	1.4	1.0
鄂伦春旗	0.8	1.4	2.3	0.9	1.1	0.5	0.2	0.5	1.0	1.5	2.1	1.1
鄂温克旗	0.6	1.0	1.3	0.7	0.9	0.2	0	0.1	0.5	0.8	1.0	1.1
根河市	1.8	2.3	3.3	2.0	1.3	1.1	0.5	1.1	1.0	2.2	3.0	2.3
海拉尔区	0.6	0.9	1.1	0.6	0.6	0.1	0	0.1	0.4	0.7	1.0	0.9
满洲里市	0.2	0.4	0.8	1.0	1.0	0.3	0	0.2	0.5	0.6	0.9	0.3
莫力达瓦旗	0.5	0.7	0.7	0.6	0.5	0.1	0	0	0.3	0.4	0.5	0.5
图里河镇	1.8	2.5	3.7	2.2	1.9	1.2	0.6	1.1	1.4	2.3	3.3	2.1
小二沟镇	1.5	2.3	2.8	1.3	1.8	0.5	0.1	0.3	1.2	1.6	2.2	1.9
新巴尔虎右旗	0.2	0.4	0.5	0.6	0.4	0.1	0	0	0.4	0.5	0.5	0.2
新巴尔虎左旗	0.4	0.7	1.0	0.9	0.7	0	0	0	0.5	1.1	1.1	0.6
牙克石市	1.3	1.9	1.9	0.5	1.1	0.3	0	0.3	0.6	0.6	1.3	1.7
扎兰屯市	0.2	0.3	0.3	0.4	0.6	0.1	0	0	0.6	0.5	0.4	0.3

7.4.4　区域寒潮

规定在一次冷空气活动过程中,全市有超过一半的测站 24 h 内日最低气温下降幅度大于或等于 8 ℃,同时最低气温下降到 4 ℃或以下,则视为一次区域寒潮天气过程。据此,呼伦贝尔市 1961—2015 年 55 年内共发生 126 次区域寒潮,平均每年 2.3 次。在这 126 个寒

潮个例中,东部和北部寒潮最多,分别占 27％和 25％,发生频率为 0.6 次/年和 0.5 次/年;
西部寒潮占 21％,发生频率为 0.5 次/年;全市性寒潮占 11％,发生频率为 0.3 次/年;西部
＋北部寒潮占 10％,发生频率为 0.2 次/年;南部寒潮最少,占 2％,发生频率为 0.04 次/年。
见表 7.4。

表 7.4　区域寒潮频次

寒潮类别	频数/次	百分比	频率(次/年)
全市	14	11％	0.3
西部	26	21％	0.4
东部	34	27％	0.6
北部	32	25％	0.5
南部	2	2％	0.04
西部＋北部	13	10％	0.2
西部＋南部	5	4％	0.09

区域性寒潮的月际分布,以 3 月最多,平均 0.5 次/年;1 月最少,平均 0.04 次/年,7 月
和 8 月无区域性寒潮发生。从其年代际变化特征来看,20 世纪 60 年代最多,平均每年发生
3.4 次;70 年代平均每年发生 2.1 次;80 年代最少,平均每年发生 1.3 次;90 年代平均每年
发生 2.0 次;21 世纪头 10 年平均每年发生 2.7 次。可见,进入 21 世纪,区域寒潮有增加的
趋势。

7.5　寒潮分析

7.5.1　天气图主观分析

寒潮天气过程,其本质为大规模强冷空气爆发南下所导致的剧烈降温,其天气学成因多
为纬向型与经向型环流的剧烈调整,故而,不同于其他天气过程基于构成要素,寒潮天气过
程分析,应当基于环流形势。

7.5.1.1　天气系统分析

寒潮天气系统分析主要包括:极涡流型及其辨识、极地高压分析以及直接导致寒潮产生
的地面冷高压及冷锋分析等。

极涡:作为控制极地最为强盛的天气系统,极涡常年稳定于极地高空,但 100 hPa 等压
面位势高度场上,由冬至夏,其数值差异十分显著,盛夏可高达 1650 dagpm,隆冬则低至
1500 dagpm,因此极涡分析不可单纯依靠数值,流型辨识应当着眼于位势高度闭合中心,而
强度判断也应当着眼于位势梯度大小。一般而言,极涡呈偏心型或偶极型,则有利于东亚地

区出现寒潮天气过程(图7.4)。

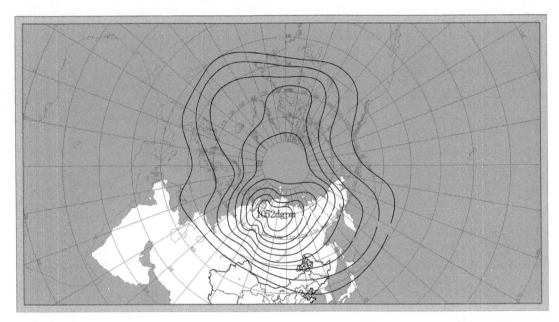

图 7.4 极涡

极地高压:由于大气环流作用,极地附近对流层内多为低值系统控制,但偶有阻塞高压向北强烈发展进入极地,则极地可转为高值系统控制。500 hPa 等压面位势高度场上,70°N 以北若有闭合高值中心存在,并配合温度场暖中心与流场反气旋式环流,则可判定极地高压生成。发展强盛的极地高压可迫使极地冷空气南下,配合适当环流形势,即可形成寒潮天气(图7.5)。

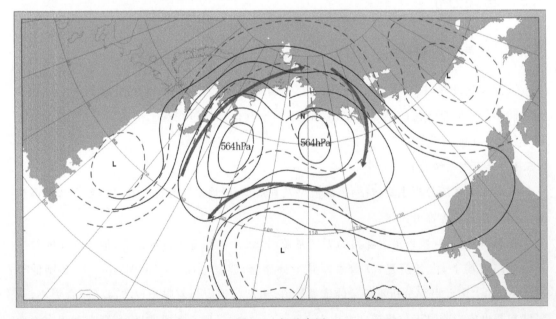

图 7.5 极地高压

高压:地面气压大小,正比于整层气柱质量,空气温度越低,密度越大,则对应地面气压越大,故而海平面气压场上高压的数值即可表明冷空气势力,而其位置及范围大小即表明冷空气控制范围。与极涡类似,不同季节,寒潮冷高压数值差异显著,因此辨识时不可单纯以数值判断,还应当根据气压梯度对其相对强度进行分析。

冷锋:若冷空气势力过于强盛,即便无明显暖空气存在,但冷空气前沿强烈的温度对比同样可以导致锋区产生,此时海平面气压场上即表现为寒潮冷锋,冷锋位置即为冷空气势力所及,冷锋移速即为冷空气入侵快慢(图 7.6)。

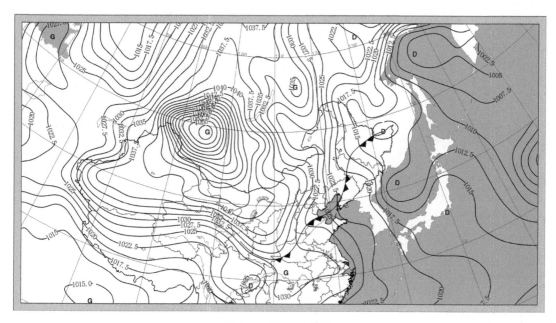

图 7.6　冷高压、冷锋

7.5.1.2　冷空气堆积分析

冷空气在关键区长时间堆积是寒潮天气产生的先决条件,一般而言,天气图上若有稳定纬向环流、横槽强烈发展、低空锋区强盛、地面高压稳定加强,则表明冷空气正在堆积。稳定纬向环流不利于南北热量交换,导致南方更暖、北方更冷,因而有利于冷空气在北方堆积;横槽两侧多为偏东风与偏西风,同样不利于南北热量交换;低空锋区强盛则表明冷暖空气势力相当;地面高压稳定加强则表明冷空气不断补充(图 7.7)。

7.5.1.3　冷空气强度分析

冷空气强度可根据高空冷中心强度或地面冷高压强度进行判断,高空冷中心数值越低,地面冷高压数值越高,则表明冷空气越强。由冬至夏冷空气势力逐渐减弱,相应地面冷高压数值与高空冷中心数值均减弱,而寒潮天气过程则以降温幅度为强度标准,因此主观判断冷空气势力时,应当根据不同季节做出相应调整,不可单纯依靠数值进行判断(图 7.8)。

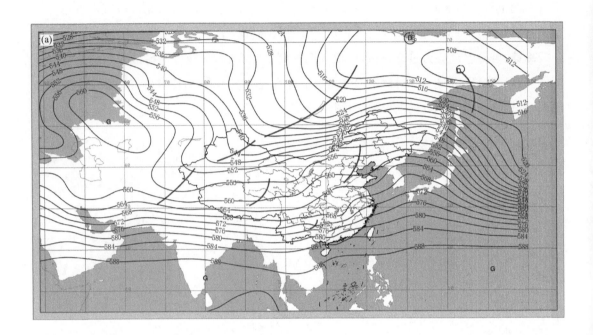

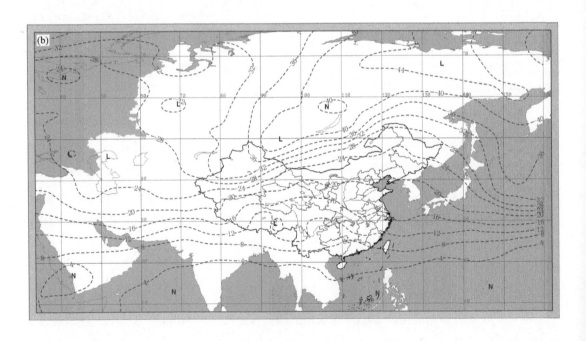

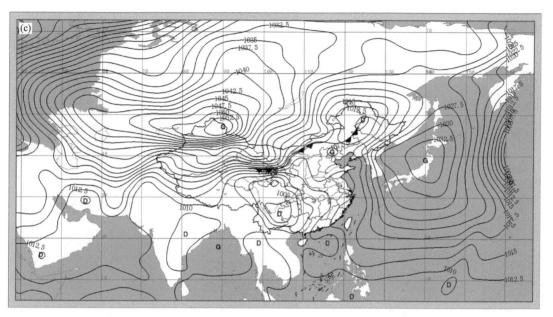

图 7.7　冷空区堆积分析：(a)横槽；(b)锋区；(c)冷高压

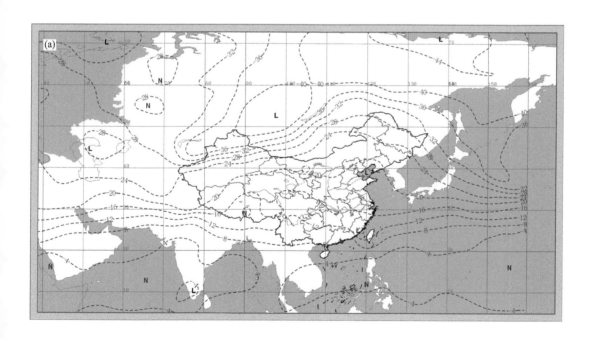

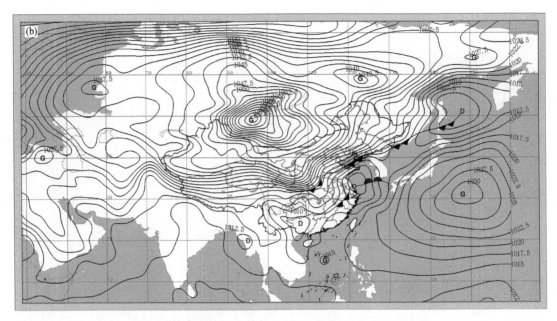

图 7.8 冷空气强度分析图:(a)高空冷中心;(b)地面冷高压

7.5.1.4 冷空气爆发分析

稳定纬向环流表明冷空气堆积,环流的突然调整则预示冷空气爆发,纬向环流向经向环流调整最直观的表现即为横槽转竖(图 7.9)。

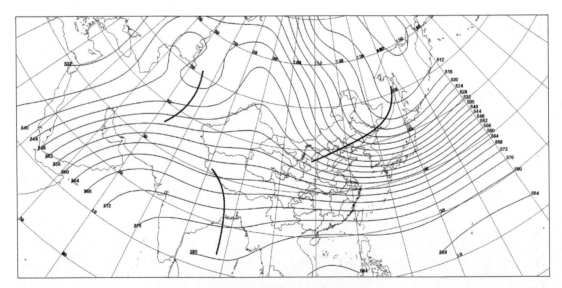

图 7.9 冷空气爆发分析(横槽转竖)

7.5.1.5 冷空气路径分析

如前所述,高空冷中心或地面冷高压的位置一般为冷空气中心位置,高压前部冷锋则为冷空气前锋,一般而言,高空冷中心受西风带气流影响多数东移,而地面冷高压中心则稳定少动,高压前沿冷锋的移动路径,则为冷空气移动路径(图 7.10)。

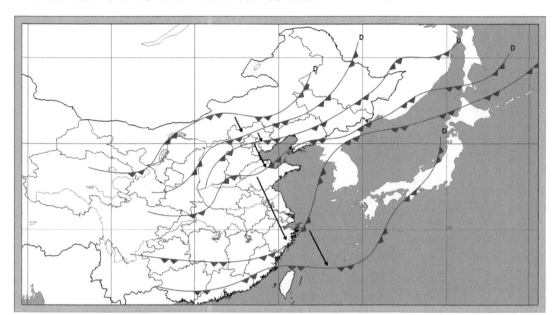

图 7.10　冷空气路径分析(冷锋)

7.5.2　物理量客观诊断

寒潮物理量客观诊断阈值见表 7.5。

表 7.5　寒潮物理量客观诊断阈值

	地表	850 hPa	700 hPa	500 hPa	300 hPa	100 hPa
极涡强度(dagpm)				≤520	≤848	≤1548
极涡位置(°N)				≤70	≤70	≤70
极地高压强度(dagpm)		≥152	≥300	≥560		
极地高压位置(°N)		≥70	≥70	≥70		
冷中心数值(℃)		≤-28	≤-36	≤-44		
冷高压数值(hPa)	≥1050					
温度梯度(K·(10°)⁻¹)		≥20	≥16			

7.5.3　技术流程

寒潮预报技术流程如图 7.11 所示:

(1)分析极涡流型,判断其强度及位置;

(2)分析极地高压强度及位置;

(3)分析冷空气堆积条件,判断有无稳定纬向环流、横槽、低空锋区及地面高压;

(4)分析冷空气强度,判断其高空冷中心强度、地面冷高压强度;

(5)关注环流调整所致冷空气爆发;

（6）分析高空冷中心、地面冷高压移动路径,进一步分析地面冷锋移动路径,判断冷空气路径;

（7）定性分析寒潮潜势;

（8）对各物理量进行诊断,定量分析寒潮强度;

（9）综合分析结果,制作分析产品。

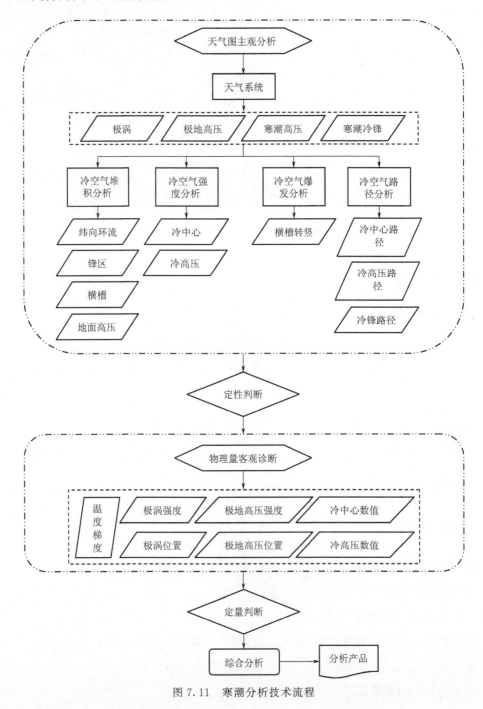

图 7.11 寒潮分析技术流程

7.5.4　分析示例

2014 年 11 月 26 日寒潮天气过程

2014 年 11 月 24 日 08:00 北半球对流层上部 100 hPa 极涡分裂为两个中心,呈偶极型分布(图 7.12),亚洲一侧极涡中心南压至西伯利亚地区,强度较强,冷空气自西伯利亚地区不断南下,引发此次寒潮天气过程。

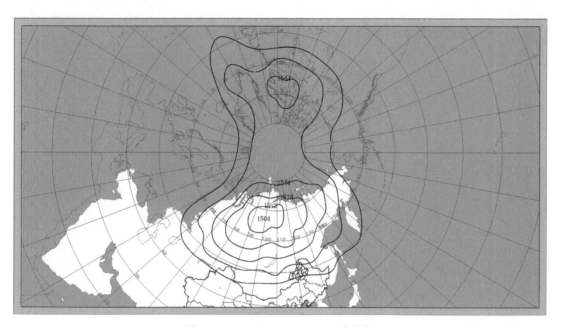

图 7.12　24 日 08:00 100 hPa 高度场

500 hPa 环流形势:

24 日 08:00,亚洲中高纬度地区呈一脊一槽(涡)型,乌拉尔山西部有一高压脊向东伸展,自黑海—里海地区至西伯利亚地区有一横槽,脊前槽后偏北气流强盛,冷涡中心位于 100°E 附近西布里亚地区,冷中心最低温度为 −48 ℃(图 7.13(a));

25 日 08:00,乌拉尔山附近有阻塞高压生成,冷涡稳定少动,但中心附近的环流形势由纬向型逐渐开始转为经向型(图 7.13(b));

26 日 08:00,乌拉尔山阻塞高压崩溃,横槽完全转竖,槽前西南气流逐渐加强,暖平流显著,鄂霍次克海附近有高压脊生成(图 7.13(c));

27 日 08:00,短波槽迅速划过呼伦贝尔,引导强冷空气东进,引发此次寒潮天气过程(图 7.13(d))。

海平面气压场:

24 日 08:00,呼伦贝尔处于弱高压控制之下,上游贝加尔湖附近形成锋面气旋,黑海—里海北部则形成发展强盛的冷高压,24 日 20:00,随着极地冷空气不断南下,贝加尔湖气旋逐

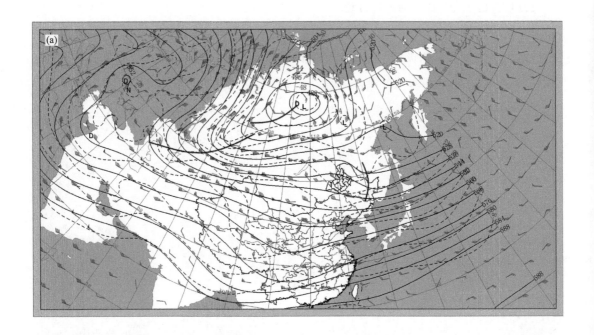

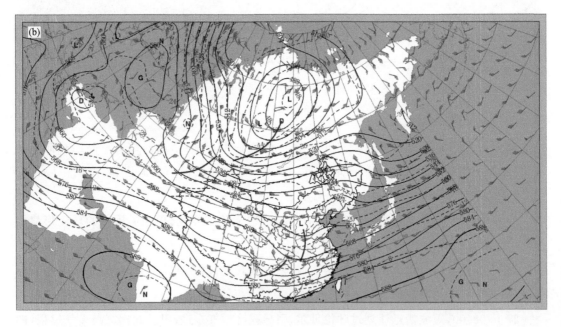

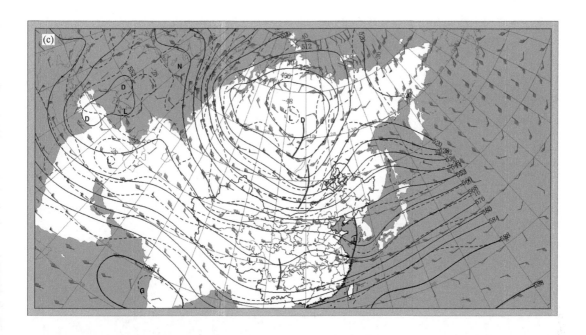

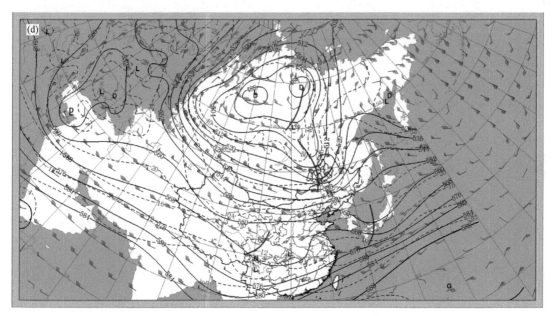

图 7.13　500 hPa 环流形势演变:(a)24 日 08:00;(b)25 日 08:00;(c)26 日 08:00;(d)27 日 08:00

渐发展东移,黑海—里海高压主体加强南下并向东伸展,高低压之间气压梯度加大(图 7.14 (a));

25 日 08:00,贝加尔湖气旋分裂,北支逐渐消亡,南支压至呼伦贝尔西部、蒙古国境内, 黑海—里海高压主体依然稳定少动,但向东伸展至贝加尔湖附近(图 7.14(b));

26 日 08:00,锋面气旋完全控制呼伦贝尔,黑海—里海高压东伸至蒙古国境内的部分完全分裂形成闭合,中心强度达 1040 hPa,冷锋后部、高低压之间气压梯度超过 2.5 hPa/°,此时寒潮爆发(图 7.14(c));

27 日 08:00,呼伦贝尔自西向东逐渐转为蒙古冷高压控制。

25 日 08:00,925 hPa 温度平流场上有一带状冷平流区自贝加尔湖北部向西南延伸,经巴尔喀什湖至咸海附近,有多个中心存在,中心值均在 $-90\times10^{-5}\sim-70\times10^{-5}$℃/s,此时呼伦贝尔则处于暖平流控制之中;25 日 20:00,乌拉尔山阻塞高压崩溃,横槽转竖,925 hPa

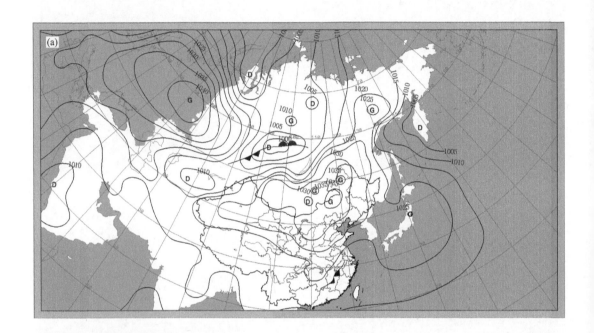

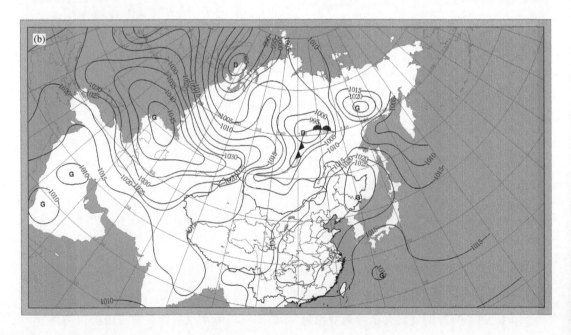

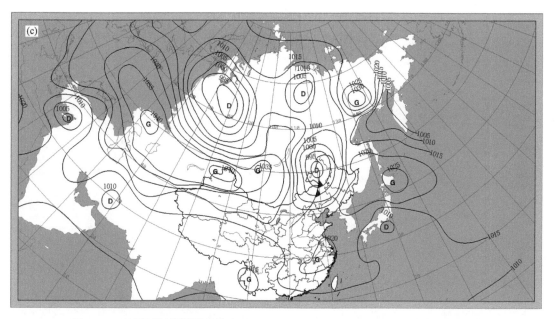

图 7.14　海平面气压场形势演变:(a)24 日 08:00;(b)25 日 08:00;(c)26 日 08:00

温度平流场上冷平带也随之由东北—西南走向逐渐转为南北走向,此时下游鄂霍次克海高压建立,脊后西南气流强盛,控制呼伦贝尔的暖平流开始加强,冷暖平流势力相当。如图 7.15 所示,26 日 08:00,上游冷空气的不断补充,925 hPa 温度平流场上冷平流带继续东移,中心值位于呼伦贝尔市南部,为 -75×10^{-5} ℃/s。26 日 20:00,冷锋过境,925 hPa 温度平流场上呼伦贝尔自西向东先后转为冷平流控制;直至 27 日 08:00,冷平流随系统东移减弱,降温过程结束。

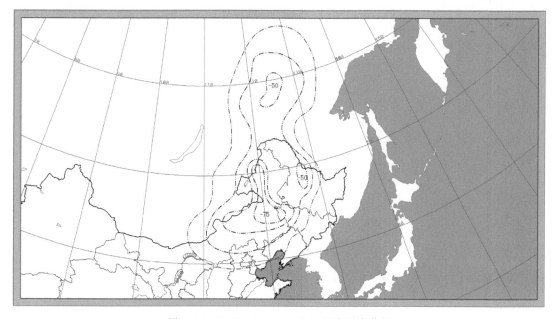

图 7.15　26 日 08:00 925 hPa 温度平流分析

　　此次寒潮天气过程是由横槽转竖引发冷空气爆发南下所致,高空短波槽及地面冷锋都均取道西北路径,自源地由西北向东南迅速扩散(图7.16、7.17)。

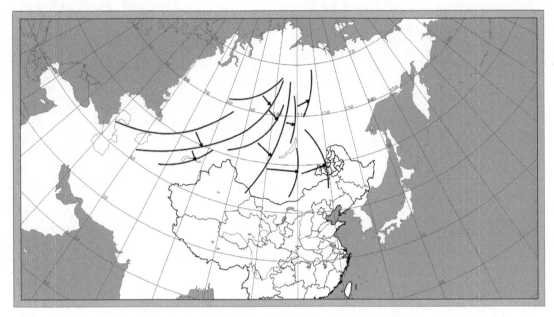

图 7.16　2014 年 11 月 24—26 日 500 hPa 短波槽分析

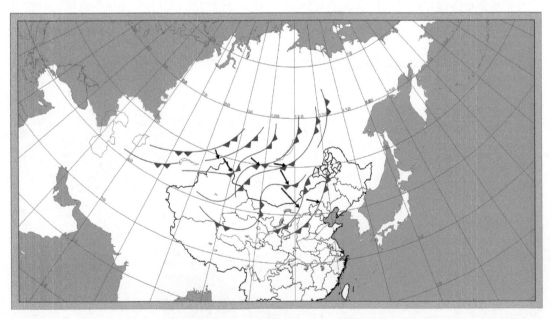

图 7.17　2014 年 11 月 24—26 日冷锋分析

第8章 霜冻灾害影响及其分析

8.1 概述

霜冻灾害是内蒙古主要农业气象灾害之一,对农业的危害十分严重,严重的霜冻害可使作物减产 30% 左右,甚至绝收。内蒙古幅员辽阔,粮食种植分布范围广,地形复杂、气候类型多样,因此霜冻灾害影响的范围大;气温偏低,热量条件相对不足,遭受霜冻危害的概率大、程度重。近 20 多年来,由于气候变化和农业科技水平提升,种植结构发生了变化,霜冻的影响也趋于复杂化和多样化,从而增大了霜冻灾害的潜在威胁;同时,由于气候变化导致气候异常和气候变率加大,极端寒冷、炎热等异常事件的增加会诱发和加重霜冻的危害。因此,霜冻是影响自治区农业生产和农业经济的重要灾害,霜冻预报是霜冻灾害防御的一个关键部分。

8.2 定义标准

8.2.1 资料选取

选取呼伦贝尔市气象局辖下 16 个国家站(基准站、基本站、一般站)1961—2015 年共计 55 年日最低气温及地表日最低温度资料,日界为北京时间 20:00。

8.2.2 定义标准

参照《作物霜冻害等级》(QX/T 88—2008)气象行业标准、《水稻、玉米冷害等级》(QX/T 101—2009)气象行业标准、《北方春玉米冷害评估技术规范》(QX/T 167—2012)气象行业标准、《水稻冷害评估技术规范》(QX/T 182—2013)气象行业标准以及其他南方作物寒害、冷害、冻害国家标准或行业标准,根据呼伦贝尔气候特点,考虑气候学统计及天气学分析需要,将霜冻划分为轻霜冻与霜冻两个等级。

霜冻:某观测日某国家站日最低气温低至 2.0 ℃ 或以下,即记该日该站出现霜冻。

轻霜冻:某观测日某国家站日最低气温低至 4.0 ℃ 或以下,即记该日该站出现霜冻。

霜日:某观测日有至少 1 个国家站出现霜冻,即记该日为霜日。

8.2.3 其他定义

霜:当贴地层的气温下降到0℃以下时,空气中的水汽在地表或接近地表的物体表面上凝华成的白色冰晶的天气现象,称做霜,因其可见,也叫白霜。

冰冻:出现结冰现象时,称为冰冻。

初霜冻:发生在一年内有霜冻危害的初期,即入秋后第一次出现的霜冻。初霜冻主要危害尚未成熟作物的大秋作物,所以也称秋霜冻。

终霜冻:发生在由寒冷季节向温暖季节过渡时期,即春季最后一次霜冻。终霜冻危害作物的幼苗和开花的果树,也称春霜冻。

无霜期:终霜与初霜的间隔天数称为无霜期。一般初霜冻出现的越早,对作物危害越大,形成的灾害也越重,同样,终霜冻出现的越晚,危害越大。

轻霜冻害:气温下降比较明显,日最低气温比较低;植株顶部、叶尖或少部分叶片受冻,部分受冻部位可以恢复;受害株率小于30%,粮食作物减产幅度在5%以内。

中霜冻害:气温下降很明显,日最低气温很低;植株上半部叶片大部分受冻,且不能恢复;幼苗部分被冻死;受害株率在30%~70%;粮食作物减产幅度在5%~15%。

重霜冻害:气温下降特别明显,日最低气温特别低;植株冠层大部叶片受冻死亡或作物幼苗大部分被冻死;作物受害株率大于70%;粮食作物减产幅度在15%以上。

8.2.4 霜冻分类

霜冻是在明显降温的天气形势下发生的,根据霜冻发生的天气条件霜冻可分为以下三种类型。

平流霜冻:由于出现寒潮或降温天气使高纬度冷空气向低纬度爆发,或比较强烈的冷平流引起剧烈降温,使影响区域气温下降到2℃或以下,形成的霜冻。当寒潮爆发引发霜冻时,往往伴有强风,冷空气入侵后,贴地层空气温度急剧下降,发生冻害;有时冷锋过境后,虽然夜间阴云密布,但强烈的降温依然会使植物体温度下降到0℃以下,发生冻害。由于平流霜冻在一天当中任何时间都可能出现,冷气团的水平范围为几百到几千千米,能够形成全区大部地区的霜冻灾害,所以是呼伦贝尔市霜冻日中最主要的种类。此种霜冻由于伴随风的强烈扰动,使近地层气温的垂直和水平差异较小,因此影响区内不同地块的温度没有显著差异,冻害的差异程度也较小。

辐射霜冻:在空气比较干燥,风力较小和晴朗少云的夜间,由于地表和植物表面释放长波辐射致使最低气温下降到2℃以下,形成霜冻。辐射霜冻一般是在地面冷高压的控制下,在后半夜或日出前,植株表面辐射散热,温度降到0℃以下形成,所以此型霜冻一日内通常出现在夜间或早晨,它的强度与昼夜温差和下垫面的热力性质有关,不同地块霜冻强度有明显差异,影响范围具有局地性。由于呼伦贝尔市地域广、海拔高,春秋季气温日较差大的特点,局部辐射霜冻也经常出现。

平流—辐射霜冻:由平流降温和辐射冷却共同影响而引起的霜冻。在呼伦贝尔市的霜日中,有两种情况,白天平流降温,夜间辐射冷却;夜间降温和辐射同时出现,这也是呼伦贝尔市常见的霜冻形式,前一日冷空气入侵造成平流霜冻,使影响区域部分站达到霜冻标准,后一日受地面冷性高压控制,在微风、少云的天气条件下形成辐射霜冻,从而使冷平流影响区域内未形成霜冻的地区产生辐射霜冻,或已发生平流霜冻的地区再次遭受辐射霜冻。呼伦贝尔市的霜冻以此种类型最多,对农业生产形成的危害也最大。

8.3 灾情实况

8.3.1 霜冻灾情

本章(表8.1、表8.2)所列霜冻灾情及其损失数据源自《中国气象灾害大典(内蒙古卷)》《呼伦贝尔市气象局历年气象灾害报表》《呼伦贝尔市气象局气象灾情普查表》(2007年整理上报)。

表8.1 呼伦贝尔市历次霜冻灾情影响时间及范围

开始日期	结束日期	受灾旗(市、区)	受灾镇(乡、苏木)
1951年8月	1951年9月	莫力达瓦旗	全旗范围
1952年5月18日	1952年5月21日	莫力达瓦旗	全旗范围
1953年9月2日	1953年9月2日	莫力达瓦旗	全旗范围
1963年6月1日	1963年6月1日	扎兰屯市	全市范围
1965年9月13日	1965年9月17日	鄂伦春自治旗	全旗范围
		扎兰屯市	全市范围
		莫力达瓦旗	全旗范围
		阿荣旗	全旗范围
1967年9月9日	1967年9月12日	鄂伦春自治旗	全旗范围
		扎兰屯市	全市范围
		莫力达瓦旗	全旗范围
		阿荣旗	全旗范围
1972年		扎兰屯市	全市范围
		阿荣旗	全旗范围
1977年8月		阿荣旗	全旗范围
1979年		扎兰屯市	全市范围
		阿荣旗	全旗范围
1980年5月		阿荣旗	全旗范围
1981年6月1日		莫力达瓦旗	全旗范围
1985年5月25日	1985年5月29日	鄂伦春自治旗	甘河镇
1985年5月26日	1985年5月31日	莫力达瓦旗	全旗范围

续表

开始日期	结束日期	受灾旗(市、区)	受灾镇(乡、苏木)
1992 年 6 月 4 日	1992 年 6 月 7 日	扎兰屯市	全市范围
		莫力达瓦旗	全旗范围
		阿荣旗	全旗范围
1998 年 5 月		扎兰屯市	全市范围
		阿荣旗	全旗范围
		莫力达瓦旗	全旗范围
2001 年 6 月 6 日		牙克石市	全市范围
2005 年 8 月 29 日	2005 年 8 月 30 日	莫力达瓦旗	全旗范围
2006 年 9 月 2 日		莫力达瓦旗	全旗范围
2006 年 9 月 6 日	2006 年 9 月 9 日	满洲里市	全市范围
2006 年 9 月 7 日	2006 年 9 月 9 日	牙克石市	全市范围
		鄂伦春自治旗	全旗范围
2006 年 9 月 8 日		莫力达瓦旗	全旗范围
		扎兰屯市	全市范围
2006 年 9 月 9 日		额尔古纳市	全市范围
		阿荣旗	全旗范围
2009 年 5 月 29 日		阿荣旗	全旗范围
2009 年 5 月 30 日		扎兰屯市	全市范围
2009 年 5 月 31 日		阿荣旗	全旗范围
2009 年 9 月 7 日		鄂伦春自治旗	诺敏镇

8.3.2 霜冻灾害主要影响

1951—2015 年 65 年中,发生在呼伦贝尔市的 26 次致灾霜冻天气过程在一定程度上对农业、牧业及人民生产生活产生等方面造成影响,灾害共计造成直接经济损失达 79689.4 万元(表 8.2)。

8.3.2.1 农业影响

呼伦贝尔市灾害性霜冻天气对农业影响主要是造成大棚损害、农作物不同程度受灾,严重时使得农作物绝收。统计 1951—2015 年 65 年霜冻天气灾情发现,灾害性霜冻天气共造成农作物受灾面积 96.5262 万公顷,农作物成灾面积 25.0891 万公顷,农作物绝收面积 22.1088 万公顷,共造成农业经济损失 10929 万元。

8.3.2.2 牧业影响

呼伦贝尔市灾害性霜冻天气对牧业影响相对较小。

8.3.2.3 社会影响

65 年来,呼伦贝尔地区灾害性霜冻天气共造成 20.6725 万人口受灾;共造成损失 79689.4 万元。

表 8.2 各旗（市、区）霜冻灾害损失表

地区	日期	农业影响（公顷）				社会影响							牧业影响	经济损失（万元）	
		作物受灾面积	大棚损害	作物成灾面积	作物绝收面积	人口（人）			房屋		其他		死亡大型牲畜	农业经济损失	直接经济损失
						受灾	死亡	受伤	损坏	倒塌	电力损失	其他损失			
阿荣旗	1965 年 9 月 13—17 日	99000			1769	1305								934	
阿荣旗	1972 年	2100				20									
阿荣旗	1977 年 8 月	16000													
阿荣旗	1979 年			227000											
阿荣旗	1980 年 5 月	5330													
阿荣旗	1998 年 5 月														
阿荣旗	2006 年 9 月 9 日					31000								5729	
阿荣旗	2009 年 5 月 29 日				117333	98000									51000
阿荣旗	2009 年 5 月 31 日	1986		3800											1600
额尔古纳	2006 年 9 月 9 日														
鄂伦春自治旗	1985 年 5 月 25—29 日	8000													
鄂伦春自治旗	2006 年 5 月 7—9 日				18009	75600								3351	
鄂伦春自治旗	2009 年 9 月 7 日	3735			313	800								215	
满洲里	2006 年 9 月 6—9 日														
莫力达瓦旗	1953 年 9 月 2 日	8000													
莫力达瓦旗	1967 年 9 月 9—12 日														
莫力达瓦旗	1981 年 6 月 1 日	15000		3001											
莫力达瓦旗	1985 年 5 月 26—31 日	233												700	700
莫力达瓦旗	1998 年 5 月	6670													

续表

地区	日期	农业影响（公顷）				社会影响							牧业影响	经济损失（万元）	
		作物受灾面积	大棚损害	作物成灾面积	作物绝收面积	人口（人）			房屋		其他		死亡大型牲畜	农业经济损失	直接经济损失
						受灾	死亡	受伤	损坏	倒塌	电力损失	其他损失			
莫力达瓦旗	2005 年 8 月 29 日—30 日	47528													
莫力达瓦旗	2006 年 9 月 8 日	146666													
莫力达瓦旗	2006 年 9 月 2 日														
牙克石市	2001 年 6 月 6 日	5667													
牙克石市	2006 年 9 月 7 日	80													
扎兰屯	1951 年 8 月	10000													
扎兰屯	1952 年 5 月 18—21 日	400													
扎兰屯	1963 年 6 月 1 日				80000										11000
扎兰屯	1972 年	3000													
扎兰屯	1972 年	2000													989
扎兰屯	1992 年 6 月 4—7 日	296000													
扎兰屯	1998 年 5 月	27000													
扎兰屯	2006 年 9 月 8 日	227000			330										
扎兰屯	2009 年 5 月 30 日	32202			333										

8.4　气候特征

一般大范围强冷空气活动的强弱和早晚影响初、终霜日的早晚。在全市 1961—2005 年的初霜日中,9 月出现频率最高,农、牧、林各区分别占 90.18%、88.99%、66.14%,农区、牧区其次为 10 月,林区其次为 8 月,说明 9 月是全市霜冻预报的关键月,此时全市主要作物产区的大秋作物正处于成熟期,较早的初霜冻可形成较重的冻害,造成大幅减产,如表 8.3 所示。同此,在全市 1961—2005 年的终霜日中,农区和牧区 5 月出现的频率最高,分别占 64.42% 和 54.72%,林区 6 月出现的频率最高,占 56.69%。可见 5 月是全市终霜冻的关注点。较晚的终霜使作物在出苗期或生长期受害,严重时导致重播或改种,如表 8.4 所示。

表 8.3　全市各区初霜日各月分布频率

	7 月	8 月	9 月	10 月
农区		0.61%	90.18%	9.20%
牧区		3.77%	88.99%	7.23%
林区	2.62%	31.23%	66.14%	

表 8.4　全市各区终霜日各月分布频率

	2 月	3 月	4 月	5 月	6 月
农区		1.23%	28.83%	64.42%	5.52%
牧区	0.63%	4.40%	31.13%	54.72%	9.12%
林区			1.57%	41.73%	56.69%

呼伦贝尔市初霜冻出现的日期,具有从北向南、从东向西推迟的趋势。全市初霜在大兴安岭林区开始较早,在 8 月下旬出现,结束于翌年 6 月上旬,全年无霜期在 80 天左右。西南部和东南部地区初霜始于 10 月 1 日前后,而终霜结束在 5 月 1 日前后,无霜期 140 天以上(图 8.1)。

55 年来,全市平均无霜期最长的地区为新巴尔虎右旗,达到 160 天以上。而鄂伦春旗、博克图、额尔古纳市全年无霜期不足 100 天,大兴安岭林区图里河、根河不足 80 天,图里河仅有 73.6 天。

全市初、终霜冻出现的日期,除受寒潮、降温等天气影响外,还与纬度、海拔、地形等因素相关,一般初霜冻随纬度和地势高度增加而提早,终霜冻随之推迟,无霜期缩短,反之无霜期延长,终霜早、初霜迟。

选取扎兰屯、新巴尔虎右旗、图里河作为年际变化的参考站,由图 8.2、图 8.3 可以看出,呼伦贝尔市终、初霜日有较明显的年际变化,当年与上年一般会相差一旬,说明变率较大。

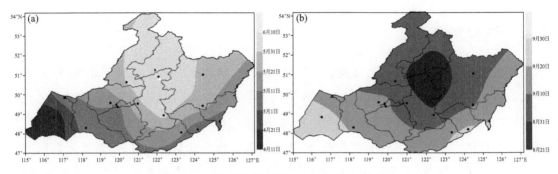

图 8.1　呼伦贝尔市终霜日(a)、初霜日(b)分布

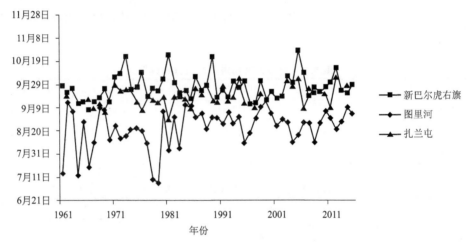

图 8.2　代表站初霜日年际变化

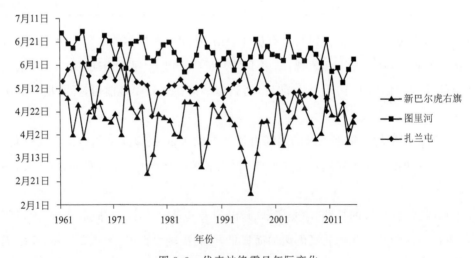

图 8.3　代表站终霜日年际变化

　　从表 8.5 可以看出,全市霜冻具有明显年代际变化,即 2000 年后全市初霜推迟,终霜提前,与 20 世纪 70 年代比,西部无霜期延长 20 天左右;中部终霜提前 10 天以上;东部初霜推

后,终霜提前,无霜期延长 3 天以上。全区最明显的无霜期延长在 20 世纪 90 年代最明显,与 70 年代相比,平均在 10 天以上,这说明呼伦贝尔市的气象要素的变化不是独立的,是对全球气候变化的响应,与中国气温变化趋势是一致的。

表 8.5　农、林、牧区霜冻年代际变化

	农区初霜	农区终霜	牧区初霜	牧区终霜	林区初霜	林区终霜
20 世纪 60 年代	9 月 15 日	5 月 10 日	9 月 10 日	5 月 15 日	8 月 30 日	6 月 7 日
20 世纪 70 年代	9 月 18 日	5 月 11 日	9 月 12 日	5 月 13 日	8 月 26 日	6 月 3 日
20 世纪 80 年代	9 月 18 日	5 月 12 日	9 月 16 日	5 月 5 日	9 月 3 日	6 月 1 日
20 世纪 90 年代	9 月 19 日	5 月 8 日	9 月 14 日	5 月 2 日	9 月 6 日	6 月 2 日
21 世纪 00 年代	9 月 24 日	4 月 28 日	9 月 18 日	5 月 2 日	9 月 3 日	5 月 30 日
2011—2015 年	9 月 27 日	4 月 22 日	9 月 21 日	4 月 22 日	9 月 8 日	5 月 17 日

8.5　霜冻分析

8.5.1　天气图主观分析

作为特定季节出现的特殊灾害性天气,霜冻往往由强烈降温所致,因此一般而言,霜冻天气过程无明显天气系统,其分析应当着眼于导致局地温度变化的温度平流、垂直运动以及非绝热因子等作用。尽管如此,一定的冷空气活动仍然是霜冻形成的先决条件,分析时同样不可忽略。

8.5.1.1　天气系统分析

霜冻天气产生时,高空多为平直西北或偏西气流,有利于冷空气缓慢渗透,地面多为弱高压控制,有利于降温(图 8.4)。

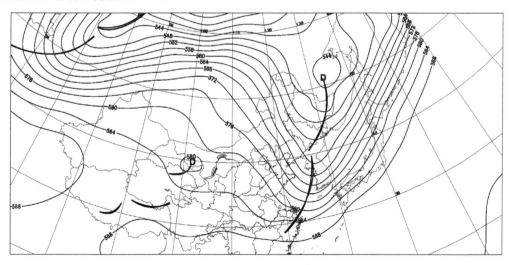

图 8.4　高空西北气流

8.5.1.2　冷空气入侵分析

　　与寒潮天气过程中强烈的冷空气爆发不同,霜冻天气冷空气入侵多为缓慢渗透,高空多为平直西北或偏西气流控制,地面则多为弱高压持续控制,如若伴随寒潮天气过程同时出现,则地面多为发展强盛的冷高压不断向外扩展导致冷空气入侵(图8.5)。

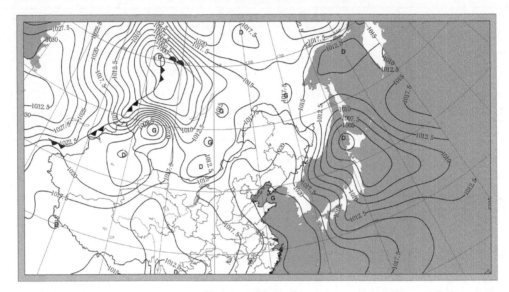

图8.5　地面均压场

8.5.1.3　降温分析

　　根绝热流量方程,局地温度变化基本由三项决定,即温度平流、垂直运动、非绝热因子。

　　温度平流对局地温度影响最为显著,故而低层温度平流强度可基本判断局地降温幅度。分析时可将温度场与流场叠加进行主观分析,也可直接对温度平流场中负值区进行分析(图8.6)。

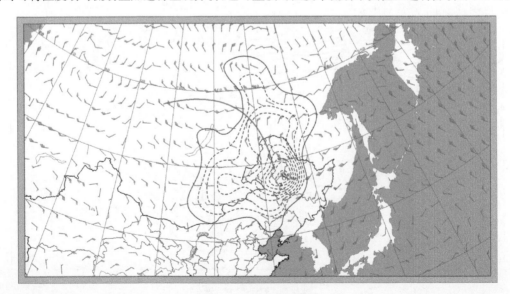

图8.6　温度平流分析

大气垂直运动基本为绝热过程，下沉运动绝热增温导致局地温度升高，上升运动绝热冷却导致局地温度降低。故而可对低层垂直速度进行分析(图 8.7)，从而判断其绝热增温或冷却效果。

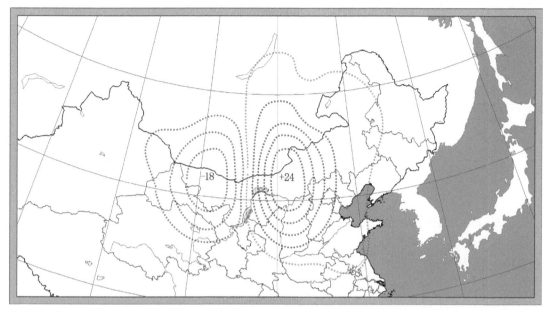

图 8.7　垂直运动分析

非绝热因子对局地温度变化的作用一般包括辐射、传导以及潜热吸收或释放三类，对于霜冻过程而言，夜间地表辐射程度最为关键，故而可对夜间低云量进行分析(图 8.8)，以判断夜间地表辐射降温程度。

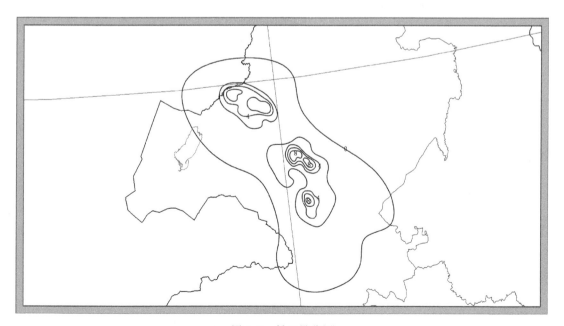

图 8.8　低云量分析

8.5.2 物理量客观诊断

霜冻物理量客观诊断阈值见表8.6。

表8.6 霜冻物理量客观诊断阈值

	地表	925 hPa	850 hPa	700 hPa
温度平流(K·s^{-1})		≤−80	≤−40	
垂直速度(Pa·s^{-1})		≤−40	≤−20	
低云量				
相对湿度(%)		≤50	≤50	≤50
降水量(mm)	≤5			
风速	≤6	≤8		

8.5.3 技术流程

霜冻预报技术流程如图8.9所示：

(1)简要分析环流形势,判断是否有利于降温；

(2)分析冷空气入侵条件；

(3)分析温度平流,判断降温程度；

(4)分析垂直运动,判断垂直运动对于降温的加成作用；

(5)分析非绝热因子,判断有无冷却条件；

(6)定性分析霜冻潜势；

(7)对各物理量进行诊断,定量分析霜冻强度；

(8)综合分析结果,制作分析产品。

8.5.4 分析示例

2015年9月27日霜冻天气过程

500 hPa环流形势:2015年9月25日20:00,欧亚大陆中高纬度地区处于宽广槽区控制之中,槽区出现两个闭合低值系统,呼伦贝尔处于东部相对较弱一支控制之中；至26日08:00,低涡中心东移,呼伦贝尔处于涡后,在下游阻高影响下,低涡逐渐停滞稳定,呼伦贝尔也持续处于涡后弱冷空气影响之中,26日夜间至27日凌晨始终维持这种环流形势(图8.10)。

850 hPa环流形势:低层环流形势与高层恰好相反,低层东支系统相对较强而西支系统不显；26日08:00,低层低涡后部,温度场上出现明显暖脊,而27日08:00随着高空偏北气流携带冷空气南下,冷槽加深,暖脊西退,冷空气渗入,霜冻产生(图8.11)。

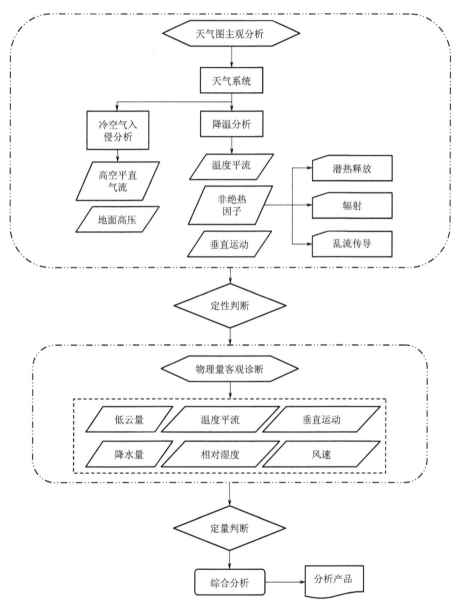

图 8.9 霜冻分析技术流程

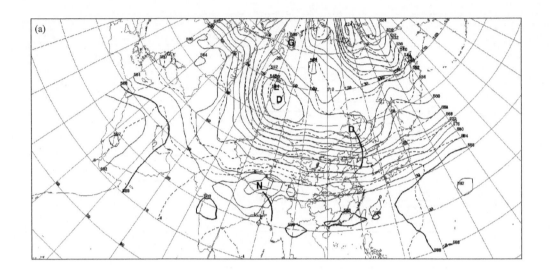

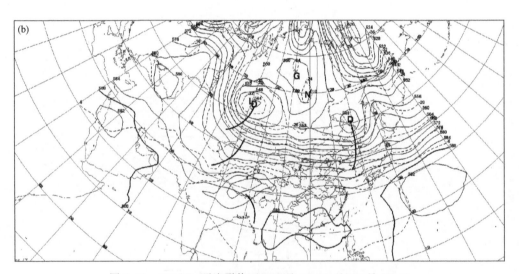

图 8.10　500 hPa 环流形势：(a)25 日 20：00；(b)26 日 20：00

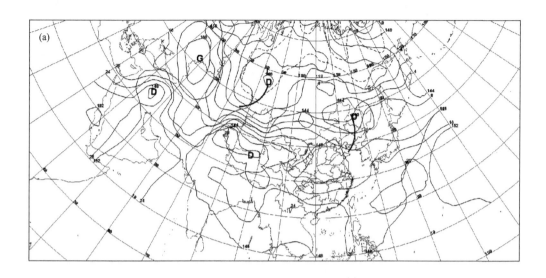

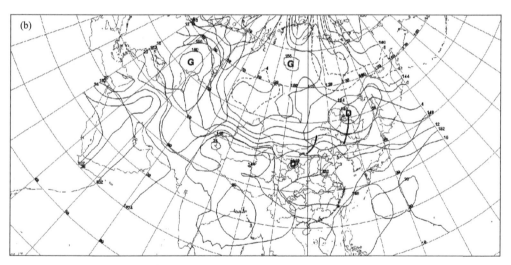

图 8.11　850 hPa 环流形势:(a)25 日 20:00;(b)26 日 20:00

　　海平面气压场:对应高空低涡,地面相应有气旋产生,强度较弱,冷暖锋面不显,并且随低涡快速东移,呼伦贝尔于 26 日 08:00 即处于气旋后部;此外,25—27 日,贝加尔湖以西的地面冷高压始终维持,强度同样稳定,冷空气并未爆发,而是不断向东南渗透,形成持续降温,导致霜冻天气产生(图 8.12)。

　　温度平流对局地温度影响最为显著,故而低层温度平流强度可基本判断局地降温幅度。26 日 20:00,850 hPa 及 925 hPa 两层等压面均受弱冷平流影响,强度不强,但持续时间较长(图 8.13)。

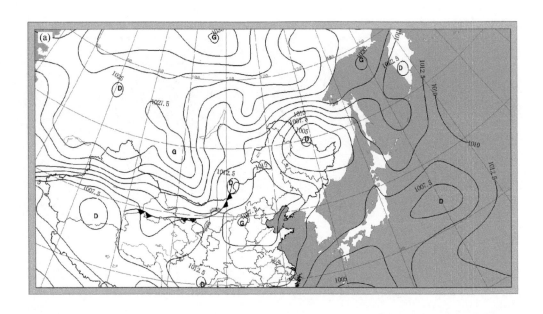

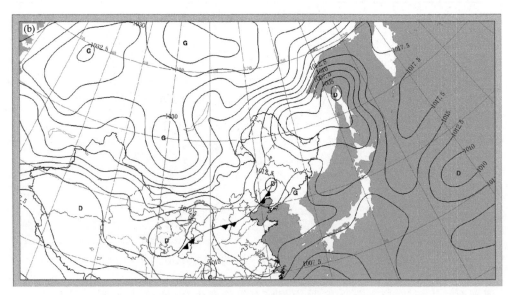

图 8.12　海平面气压场形势：(a)25 日 20:00；(b)26 日 20:00

　　大气垂直运动基本为绝热过程，下沉运动绝热增温导致局地温度升高，上升运动绝热冷却导致局地温度降低。故而可对低层垂直速度进行分析，从而判断其绝热增温或冷却效果（图 8.14）。

　　26 日 20:00,925 hPa 等压面上呼伦贝尔处于弱上升运动区，上升运动绝热冷却导致局地温度降低，同时地表辐射冷却又进一步导致近地面温度骤降，出现霜冻。

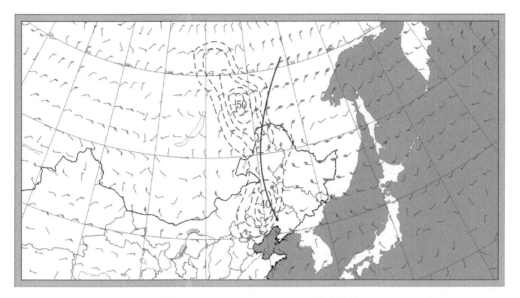

图 8.13　26 日 20:00 925 hPa 温度平流

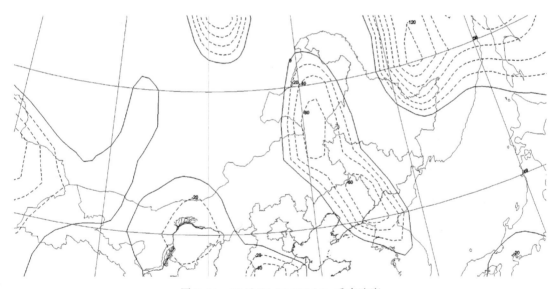

图 8.14　26 日 20:00 925 hPa 垂直速度

参考文献

查贲,沈杭锋,郭文政,等,2014.一次爆发性气旋及其诱发的大风天气分析[J].高原气象,33(6):
    1697-1704.

高守亭,赵思雄,周晓平,等,2003.次天气尺度及中尺度暴雨系统研究进展[J].大气科学,27(4):
    618-627.

宫德吉,李彰俊,2001.内蒙古暴雪灾害的成因与减灾对策[J].气候与环境研究,6(1):132-138.

顾润源,2012.内蒙古自治区天气预报手册[M].北京:气象出版社.

胡中明,周伟灿,2005.我国东北地区暴雪形成机理的个例研究[J].南京气象学院学报,28(5):679-684.

蓝渝,张涛,郑永光,等,2013.国家级中尺度天气分析业务技术进展 II:对流天气中尺度过程分析规范和支
    撑技术[J].气象,39(7):901-910.

李兆慧,王东海,王建捷,等,2011.一次暴雪过程的锋生函数和急流—锋面次级环流分析[J].高原气象,30
    (6):1505-1515.

刘鸿升,余功梅,2002.偏北大风的数值预报释用方法研究[J].气象科学,22(1):100-106.

孟雪峰,孙永刚,姜艳丰,2012.内蒙古东北部一次致灾大到暴雪天气分析[J].气象,38(7):877-883.

那济海,张晰莹,2008.黑龙江省预报技术手册[M].北京:气象出版社.

邱博,张录军,谭慧慧,2013.中国大风集中程度及气候趋势研究[J].气象科学,33(5):543-548.

寿绍文,2006.天气学分析[M].北京:气象出版社.

孙继松,戴建华,何立富,等,2014.强对流天气预报的基本原理与技术方法[M].北京:气象出版社.

孙淑清,周玉淑,2007.近年来我国暴雨中尺度动力分析研究进展[J].大气科学,31(6):1171-1187.

王希平,赵慧颖,宋庆武,等,2006.内蒙古呼伦贝尔市林牧农业气候资源与区划[M].北京:气象出版社.

温克刚,沈建国,等,2008.中国气象灾害大典(内蒙古卷)[M].北京:气象出版社.

谢今范,刘玉英,李宇凡,2015.吉林地面和高空风速变化特征及成因分析[J].高原气象,34(5):
    1424-1434.

姚学祥,2011.天气预报技术与方法[M].北京:气象出版社.

袁美英,李泽椿,张小玲,2010.东北地区一次短时大暴雨 β 中尺度对流系统分析[J].气象学报,68(1):
    126-136.

翟丽萍,魏鸣,2012.一次大范围暴雪天气的大气环境形成机理研究[J].气象科学,32(6):638-645.

张宏升,刘新建,朱好,等,2010.北京北郊冬季大风过程湍流通量演变特征的分析研究[J].大气科学,34
    (3):661-668.

张涛,蓝渝,毛冬艳,等,2013.国家级中尺度天气分析业务技术进展 I:对流天气环境长分析业务技术规范的
    改进与产品集成系统支撑技术[J].气象,39(7):894-900.

张文龙,董剑希,王昂生,等,2007.中国西南低空急流和西南低层大风对比分析[J].气候与环境研究,12
    (2):199-210.

张曦,2010. 中国干旱区自然地理[M]. 北京:科学出版社.

赵宇,崔晓鹏,2009. 对流涡度矢量和湿涡度矢量在暴雨诊断分析中的应用研究[J].67(4):540-548.

朱乾根,林锦瑞,寿绍文,唐东昇,2007. 天气学原理和方法[M]. 北京:气象出版社.

Golding,Jones,2014. High Impact Weather Project[M]. Los Angeles:World Weather Research Programme.